TEA BOOK

品茶有讲究

泡好一壶茶

郑春英　主编

农村设物出版社
中国农业出版社
北京

图书在版编目（CIP）数据

品茶有讲究·泡好一壶茶／郑春英主编．— 北京：农村读物出版社，2020.11
ISBN 978-7-5048-5790-3

Ⅰ．①品… Ⅱ．①郑… Ⅲ．①品茶－基本知识 Ⅳ．①TS971.21

中国版本图书馆CIP数据核字（2018）第275835号

品茶有讲究·泡好一壶茶
PINCHA YOUJIANGJIU·PAOHAO YIHUCHA

农村读物出版社出版
地址：北京市朝阳区麦子店街18号楼
邮编：100125
策划编辑：刘宁波
责任编辑：李 梅 甘露佳
版式设计：水长流文化 责任校对：吴丽婷
印刷：北京中科印刷有限公司
版次：2020年11月第1版
印次：2020年11月北京第1次印刷
发行：新华书店北京发行所
开本：710mm×1000mm 1/16
印张：9.5
字数：240千字
定价：39.90元

目录

一 认茶识茶有讲究

二 泡茶择水有讲究

三 泡茶备具有讲究

四 泡茶技法有讲究

五 泡茶礼仪有讲究

六 随机应变泡好茶

七 品茶鉴茶有讲究

茶在中国有着悠久的历史，中国不仅是最早发现茶树、人工种植茶树的国家，也是最早以茶为食为饮的国家。中国成品茶有上千种，茶叶品种之多为其他国家所不及。按照传统的分类方法，茶分为基本茶类和再加工茶类。基本茶类包括绿茶、红茶、黑茶、乌龙茶、白茶和黄茶。再加工茶类中最常见的是花茶。

认茶识茶

有讲究

绿茶

绿茶是一种不发酵茶，是我国产量最大的茶类，产区分布于各产茶省、直辖市、自治区。其中江苏、浙江、安徽、四川等省绿茶产量高、质量优，是我国绿茶生产的主要基地。

绿茶是以茶树的嫩芽、嫩叶为原料，经杀青、揉捻、干燥等典型工艺制成的茶叶。因干茶色泽和冲泡后的茶汤、叶底以绿色为主调，故名绿茶。

绿茶

绿茶的特点

①产茶季节：为每年春、夏、秋三季。名优绿茶大多只采制春茶，以清明前至谷雨采制的春茶品质最佳。

②干茶色泽：以绿色为主，但因产茶区自然环境和制作工艺不同，茶叶的颜色会有差异。

③汤色：以绿色为主，黄色为辅。

④香气：有清新的豆香、花香、栗香等。不同品种的绿茶，香气也有所不同。

⑤滋味：微苦。

⑥茶性：寒凉。

⑦适合人群：年轻人、经常对着电脑的人及吸烟饮酒的人。

绿茶的加工工艺

①杀青：用高温破坏茶树鲜叶中氧化酶的活性，抑制茶多酚等物质的酶促氧化，使茶叶的色、香、味稳定下来。杀青的方法分为炒青、烘青、蒸青、晒青，以炒青、烘青为主。

②揉捻：将鲜叶揉碎，使茶汁附着在茶叶表面，同时改变茶叶的形状。

③干燥：使茶叶中水分的含量降为3%～5%，以利于茶叶的保存。干燥方式分为炒干、烘干、晒干，以炒干、烘干为主。

绿茶的分类

通常按照制作工艺，将绿茶分为炒青绿茶、烘青绿茶、晒青绿茶和蒸青绿茶四种。

炒青绿茶

干燥方式为锅炒的绿茶即炒青绿茶。

炒青绿茶按外形可分为长炒青、圆炒青和扁炒青三类。长炒青即长条形炒青绿茶，形似眉毛，经过精加工的长炒青统称“眉茶”；圆炒青也叫“珠茶”，外形为颗粒状，主要品种有泉岗辉白、涌溪火青等；扁炒青外形扁平光滑，主要分为龙井、大方和旗枪三种。炒青绿茶中品质特优的名茶有西湖龙井、老竹大方、碧螺春、信阳毛尖等。

炒青绿茶——碧螺春

烘青绿茶

直接用烘笼烘干的绿茶为烘青绿茶。

烘青绿茶根据原料嫩度和加工工艺可分为普通烘青和细嫩烘青。细嫩烘青绿茶中品质特优的名茶有黄山毛峰、太平猴魁、敬亭绿雪、雁荡毛峰等。普通烘青绿茶多用于窨制花茶。

烘青绿茶——黄山毛峰

晒青绿茶

进行锅炒杀青后用日光晒干的绿茶为晒青绿茶。晒青绿茶多作为加工黑茶的原料茶，主产于湖南、湖北、广东、广西、四川，云南、贵州等省也有少量生产。

晒青绿茶以云南大叶种绿茶的品质最好，被称为“滇青”，是制作普洱茶的原料；其他如川青、黔青、桂青、鄂青等各具特色。

晒青绿茶——滇青

蒸青绿茶

利用蒸汽进行杀青的绿茶为蒸青绿茶。蒸汽能够破坏鲜叶中酶的活性，形成干茶深绿、茶汤浅绿和叶底青绿的“三绿”品质特征。蒸青绿茶香气较闷，带青气，涩味也较重，不如锅炒杀青的绿茶鲜爽。我国蒸青绿茶产量小，主要品种为产于湖北恩施的恩施玉露。此外，浙江、福建和安徽也有出产。

蒸青绿茶——恩施玉露

辨别绿茶优劣有讲究

绿茶品质的优劣可以从以下几个方面判断：

①外观：包括茶叶的嫩度、净度、匀度和色泽等。

②香气：以花香、果香、板栗香和豆香等香气为优。

③滋味：以茶汤醇厚、鲜爽为优。

④汤色：以汤色清碧、明亮为优。

⑤叶底：叶底色泽明亮且质地一致，说明制茶工艺良好；叶底芽尖细密、柔软、多毫，说明茶叶嫩度高。

绿茶中对人体健康有益的成分

绿茶中对人体健康有益的成分有茶多酚、糖类、生物碱、维生素、氨基酸和矿物质等。

①茶多酚：是茶叶中多酚类化合物的总称，主要作用是抗氧化。

②糖类：绿茶中有葡萄糖、果糖等单糖，也有蔗糖、麦芽糖等双糖。

③生物碱：包括茶碱、可可碱、咖啡因。

④维生素：绿茶中含有十多种水溶性维生素和脂溶性维生素。

⑤氨基酸：绿茶中氨基酸含量不高但种类很多，其中茶氨酸含量最高，其次是人体必需的赖氨酸、谷氨酸和甲硫氨酸。氨基酸易溶于水，决定茶汤的鲜爽度。

⑥矿物质：绿茶中含有多种人体所必需的矿物质元素，如钾、钙、钠、镁、铁等。

绿茶的功效

科学研究结果表明，绿茶中保留的天然物质成分，在抗衰老、防癌抗癌、杀菌消炎等方面的作用为其他茶类所不及。

名优绿茶

名优绿茶有西湖龙井、碧螺春、太平猴魁、黄山毛峰、信阳毛尖、六安瓜片、安吉白茶等。

西湖龙井

西湖龙井是我国第一名茶，产于浙江省杭州市西湖山区，以狮峰、龙井、云栖、虎跑、梅家坞出产的龙井茶品质最佳，故有“狮”“龙”“云”“虎”“梅”五品之称。

西湖龙井的品质特点为色绿光润，形似碗钉，匀直扁平，香高隽永，汤色碧翠，味爽鲜醇，芽叶柔嫩。因产区不同，西湖龙井的品质略有不同，如狮峰山所产龙井色泽黄绿，如糙米色，香高持久，滋味醇厚；梅家坞所产龙井色泽较绿润，味鲜爽口。

西湖龙井

碧螺春

碧螺春是我国名茶中的珍品，人称“吓煞人香”。碧螺春创制于明末清初，出产于江苏省苏州市吴中区西南的太湖洞庭东山和洞庭西山。洞庭东山和洞庭西山是我国著名的茶果间作区，桃、杏、李、枇杷、杨梅等果树与茶树混栽，茶树和果树的根脉相通，茶能饱吸花果香，这是其他茶产区所不具有的特异之处。

碧螺春采摘有三大特点：一早、二嫩、三拣得净。以春分至清明前采制的最为名贵。优质碧螺春每500克有六七万个芽头，堪称最细嫩的绿茶。

碧螺春外形条索纤细卷曲，白毫显露，银绿隐翠，香气浓郁，有天然的花果香气；冲泡后，茶汤嫩绿清澈，银毫翻飞，花香鲜爽，滋味鲜醇甘厚；叶底柔匀，嫩绿明亮。

碧螺春

多毫、银绿隐翠

太平猴魁

太平猴魁创制于1900年，产于安徽省黄山市黄山区新明乡猴坑、猴岗、颜家一带。产区依山濒水，林茂景秀，茶园多分布在25°～40°的山坡上。产区生态环境得天独厚，年平均气温14～15℃，年平均降水量1650～2000毫米，土层深厚肥沃，通气透水性好，非常适合茶树生长。

太平猴魁

杯泡太平猴魁

“猴魁两头尖，不散不翘不卷边”，太平猴魁干茶外形扁展挺直，两叶抱一芽，毫多不显，颜色苍绿匀润，部分主脉中隐红，俗称“红丝线”；冲泡后，茶汤嫩绿，清澈明亮，芽叶成朵，不沉不浮，竖立在茶汤之中，兰花香高爽持久，滋味鲜醇，回味甘甜，似幽兰的暗香留于唇齿间，有独特的“猴韵”；叶底嫩匀肥壮，黄绿鲜亮。

黄山毛峰

黄山毛峰于1875年前后由谢裕大茶庄创制。历史上黄山风景区内的桃花峰、紫云峰、云谷寺、松谷庵、慈光阁一带为特级黄山毛峰产区，周边的汤口、岗村、杨村、芳村是重要产区，有“四大名家”之称。现在，黄山毛峰的产区已扩展到黄山市的三区四县。产区内的茶树品种为黄山种，属有性系大叶类，抗寒能力强，适制烘青绿茶。

黄山毛峰干茶形似雀舌，色如象牙，鱼叶金黄，匀齐壮实，白毫满披；冲泡后，茶汤清澈微黄，香气清新高长，滋味鲜浓甘甜；叶底嫩黄，肥壮成朵。

黄山毛峰

黄山毛峰叶底

信阳毛尖

信阳毛尖产于河南省大别山区的信阳市。茶园主要分布在车云山、云雾山、震雷山、黑龙潭等群山峡谷之间，茶区群峦叠嶂，溪流纵横，云雾弥漫，景色奇丽。独特的地形和气候滋养孕育出肥壮柔嫩的茶芽，造就了信阳毛尖独特的风味特征。

信阳毛尖一般于4月中下旬开采，以一芽一叶和一芽二叶初展制特级和1级毛尖，一芽二三叶制2级和3级毛尖。

信阳毛尖干茶外形条索紧细，白毫显露，有锋苗，色泽翠绿，油润光滑；冲泡后，汤色嫩绿明亮，香气高鲜，有熟板栗香，滋味鲜醇，余味回甘，叶底嫩绿匀整。

信阳毛尖

六安瓜片

六安瓜片生产历史悠久，早在唐代书籍中就有记载。之所以称为“瓜片”，是因为茶叶呈瓜子形、单片状。六安瓜片主要产于安徽六安的金寨、霍山等县，以金寨县齐云山所产瓜片茶品质最佳，用沸水冲泡后清香四溢。六安瓜片色泽翠绿，香气清高，味道甘鲜，明代以前就是供宫廷饮用的贡茶。

六安瓜片采摘以对夹二三叶和一芽二三叶为主，经生锅、熟锅、拉毛火、拉小火、拉老火五道工序制成。六安瓜片成品茶形似瓜子，自然平展，叶缘微翘，大小均匀，不含芽尖、芽梗，色泽绿中带霜。

六安瓜片

安吉白茶

安吉白茶，也称“玉蕊茶”，产于浙江省安吉县。安吉县位于浙江省北部，这里山川秀美，绿水长流，是我国著名的竹子之乡。1982年，人们偶然在安吉县的一处山谷里发现了一株安吉白茶古树，之后，安吉白茶逐渐为人们所认识和开发。

安吉白茶芽头刚长出来的时候鹅黄透明，炒过之后，成茶为黄白色，白毫显露，所以以外观色泽取名为安吉白茶。安吉白茶虽名为白茶，却并不属于白茶类，因为它是按照绿茶的制作方法加工而成，因此属于绿茶类。

安吉白茶茶树的颜色明显较浅。茶芽颜色会随着时令发生变化：清明前的嫩叶呈灰白色，到了谷雨，嫩叶会逐渐转绿，直到全绿。安吉白茶的产茶期较短，一般只有一个月左右，这使得安吉白茶更显珍贵。

安吉白茶外形扁平挺直，芽头紧实匀齐，色泽黄绿，光亮油润；冲泡后，汤色嫩绿明亮，香气持久，不苦不涩，滋味鲜爽。叶白脉绿是安吉白茶的标志。

黄茶

黄茶属于轻发酵茶，发酵度为10%左右。黄茶具有黄汤、黄叶底的特点，故得此名。人们在制作炒青绿茶时发现，由于杀青、揉捻后干燥不足或不及时，叶色会变黄，由此产生了新的茶类——黄茶。黄茶的加工工艺与绿茶类似，只是在干燥过程之前或之后，增加了一道闷黄工艺。

霍山黄芽

闷黄

闷黄是黄茶加工中的重要工艺，黄茶的黄叶底、黄汤就是闷黄的结果。闷黄就是将杀青、揉捻或初烘后的茶叶趁热堆积，使茶坯在湿热作用下逐渐发生黄变。在湿热闷蒸作用下，叶绿素被破坏，茶叶变黄。闷黄工艺还使茶叶中的游离氨基酸和挥发性物质增加，使得茶叶滋味甜醇，香气馥郁。

黄茶的分类

黄茶按照原料鲜叶的嫩度和芽叶的大小，分为黄芽茶、黄小茶和黄大茶三类。

黄芽茶所用原料细嫩，常为单芽或一芽一叶，著名品种有君山银针、蒙顶黄芽和霍山黄芽。黄芽茶中的极品是君山银针，君山银针成品茶外形茁壮挺直，重实匀齐，银毫满披，芽身金黄光亮，内质毫香鲜嫩，汤色杏黄明净，滋味甘醇鲜爽。安徽的霍山黄芽也是黄芽茶中的珍品。霍山茶的生产历史悠久，唐代起开始生产，明清时为宫廷贡品。

黄小茶采用细嫩芽叶加工而成，主要品种有北港毛尖、沩山毛尖、远安鹿苑、平阳黄汤等。

黄大茶以一芽多叶为原料，主要品种有安徽霍山、金寨、岳西和湖北英山所产的黄茶和广东大叶青等。

黄茶的特点

黄茶是中国特有的茶类，自唐代以来，历代均有生产。黄茶采用带有茸毛的芽头、芽或芽叶制成，具有叶黄、汤黄、叶底黄的“三黄”特征。冲泡后，汤色微黄，清香纯正，滋味鲜爽。

黄茶的功效

黄茶富含茶多酚、氨基酸、维生素等营养物质，对防治食道癌有明显功效。此外，黄茶保留了鲜叶中85%以上的天然物质，这些物质对防癌抗癌、杀菌消炎均有效果，适合免疫力低下和长期使用电脑的人饮用。

辨别黄茶优劣有讲究

黄茶品质的优劣可以从以下几个方面辨别：

①外形：优质黄茶色泽黄绿或嫩黄、带白毫，反之色泽发暗、没有白毫。

②汤色：优质黄茶汤色黄绿明亮，反之浑浊、不清澈。

③叶底：优质黄茶叶底嫩黄匀齐，反之叶底发暗、大小不一。

君山银针

君山银针产于湖南岳阳的洞庭山，茶叶芽头挺直肥壮，满披茸毛，色泽金黄泛光，有“金镶玉”之称；冲泡后，香气鲜爽，滋味甜爽，汤色浅黄，叶底明黄。在冲泡过程中，茶叶在水中忽升忽降，三起三落，富于美感。

君山银针冲泡时如何“三起三落”

君山银针适合用玻璃杯冲泡。冲泡初始，可以看到芽尖朝上，蒂头下垂，茶芽悬浮于水面，清汤绿叶，甚是优美。随后芽叶缓缓下落，忽升忽降，多者可“三起三落”，最后竖沉于杯底，芽光水色，浑然一体。“三起三落”是由茶芽吸水膨胀和重量增加不同步，芽头比重瞬间变化引起的。

君山银针

君山银针茶舞

白茶

白茶有“一年茶、三年药、七年宝”之称，这几年特别流行。白茶属微发酵茶，是我国茶类中的珍品。因成品茶多为芽头，满披白毫，如银似雪而得名。白茶是我国的特产，主要产于福建省的政和县、松溪县以及福鼎市等地，台湾省也有少量生产。白茶生产已有200年左右的历史。

白茶的特点

白茶最主要的特点是毫色银白，有“绿装素裹”的美感，且芽头肥壮，冲泡后汤色黄亮，清香爽口，滋味鲜醇，叶底嫩匀。

新白茶和老白茶

新白茶一般是指当年的明前春茶，一般存放五六年的茶就可算作老白茶。

新白茶和老白茶有所不同。首先，干茶外观不同。新白茶呈褐绿色或灰绿色，且满布白毫，毫香明显，而且还夹杂着清甜香以及茶青的味道；老白茶整体看起来呈黑褐色，但依然可以从茶叶上辨别出些许白毫，而且可以闻到阵阵陈年的幽香，毫香浓重但不浑浊。

其次，茶汤的颜色和滋味不同。新白茶汤色浅淡黄亮，毫香明显，滋味鲜爽，口感较为清淡，而且有茶青味，清新宜人；老白茶的茶汤颜色更深，呈琥珀色，香气清幽，略带毫香，头泡带有淡淡的中药味，有明显的枣香，口感醇厚。

再次，茶的耐泡程度不同。新白茶可以根据个人习惯冲泡，一般可以冲泡六泡左右；老白茶非常耐泡，在普通泡法下可达十余泡，而且到后面仍然滋味尚佳。老白茶还可以用来煮饮，风味独特。

另外，老白茶经过漫长氧化，茶性较新白茶更柔和，且退热、消暑、解毒、杀菌效果更佳。

白茶的主要品种

白茶的主要品种为白毫银针、白牡丹和寿眉。

白毫银针是用大白茶树的肥芽制成的，因色白如银、外形似针而得名，是白茶中最名贵的品种。白毫银针冲泡后香气清新，汤色淡黄，滋味鲜爽。

白牡丹的原料是政和大白茶和福鼎大白茶良种茶树鲜叶，有时采用少量水仙品种茶树芽叶拼配而成。因绿叶夹银白色毫心，形似花朵，冲泡后绿叶托着嫩芽，宛如白牡丹蓓蕾初放，故而得名。

寿眉用菜茶品种的短小芽片和大白茶树叶片制成，也叫贡眉。

辨别白茶优劣有讲究

①形态：以毫多肥壮为优，以芽叶瘦小、白毫稀少为劣。

②色泽：以色白隐绿为优，以草绿发黄为劣。

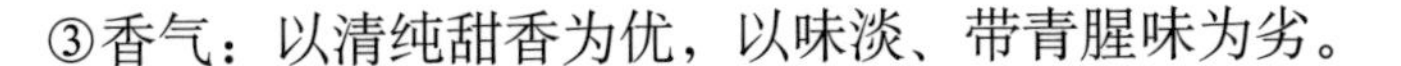

③香气：以清纯甜香为优，以味淡、带青腥味为劣。

④滋味：以醇厚鲜爽为优，以淡薄苦涩为劣。

⑤汤色：以清澈明亮为优，以浑浊暗淡为劣。

⑥叶底：以毫多匀整为优，以无毫暗杂为劣。

白茶的功效

白茶中含有多种氨基酸，具有退热、消暑、解毒的功效。白茶的杀菌效果好，多喝白茶有助于口腔的清洁与健康。白茶中茶多酚的含量较高，茶多酚是天然的抗氧化剂，可以起到增强免疫力和保护心血管的作用。此外，白茶中还含有人体所必需的活性酶，可以促进脂肪分解代谢，有效控制胰岛素分泌量，分解血液中多余的糖分，促进血糖平衡。

名优白茶

白毫银针

白毫银针产自福建的福鼎、政和等地，始制于清代嘉庆年间，简称银针，又称白毫，当代则多称白毫银针。

白毫银针的采制

白毫银针过去只能用春天茶树新生的嫩芽来制作，产量很少，所以相当珍贵。现代生产的白毫银针，选用茸毛较多的茶树品种的鲜叶，通过特殊的制茶工艺制作而成。

白毫银针

白毫银针茶汤

白毫银针的采摘要求极其严格，有“十不采”的规定，即雨天不采、露水未干时不采、细瘦芽不采、紫色芽头不采、风伤芽不采、人为损伤芽不采、虫伤芽不采、开心芽不采、空心芽不采、病态芽不采。白毫银针制作时不炒不揉，晒干或用文火烘干，茶芽上的白色茸毛得以完整地保留下来。

白毫银针的品质特征

白毫银针茶芽满披白毫，挺直如针，芽头肥壮，色白如银。因产地和茶树品种不同，白毫银针的品质有所差异：产于福鼎的，芽头茸毛厚，色白有光泽，汤色为浅杏黄色，滋味清鲜爽口；产于政和的，茸毫略薄，但滋味醇厚，香气芬芳。

白牡丹

白牡丹产自福建的政和、松溪、福鼎等地，以福鼎大白茶、福鼎大毫茶等茶树良种的一芽二叶为原料，采用传统白茶加工工艺制作而成。茶叶以绿叶夹银色白毫芽，形似花朵，冲泡后，绿叶拖着嫩芽，宛若蓓蕾初开，故名白牡丹。

白牡丹外形不成条索，似枯萎花瓣，色泽呈灰绿色或暗青苔色；冲泡后，两片舒展的绿叶托抱着嫩芽，香气芬芳，汤色杏黄或橙黄，滋味鲜醇；叶底浅灰，叶脉微红，芽叶连枝。

白牡丹

白牡丹茶汤

乌龙茶

乌龙茶又叫青茶，属于半发酵茶，为我国特有的茶类，创制于1725年前后，经过采摘、萎凋、做青、杀青、包揉、揉捻、烘焙等工序制成。乌龙茶主要产于福建、广东和台湾三个省。近年来，四川、湖南等省也有少量生产。乌龙茶除了内销广东、福建等省外，主要出口日本、东南亚等国家和地区。

乌龙茶的发酵度

大红袍

发酵，是指茶青（茶鲜叶）和空气中的氧气接触产生的氧化反应。发酵度就是茶青氧化的程度。根据发酵度的不同，乌龙茶可分为：

①轻发酵茶。发酵度为10%～30%，如文山包种茶。

②中发酵茶。发酵度为30%～50%，如安溪铁观音、黄金桂。

③重发酵茶。发酵度为50%～70%，如大红袍、东方美人茶。

乌龙茶的采制

乌龙茶可多季节采制，5月份采制春茶，10月份采制秋茶，部分地区也采制冬茶，比如台湾省。乌龙茶原料要求枝叶连理，通常采摘一芽二三叶，主要加工工艺为萎凋、做青、杀青、包揉、揉捻、烘焙。

乌龙茶特有的加工工艺

制作乌龙茶的特有工序是做青。做青，就是摇青、晾青交替进行的发酵过程，直至达到乌龙茶的品质要求。

摇青促进鲜叶中的水分蒸发，同时让叶子边缘受损而氧化。晾青时茶叶中的水分继续蒸发，叶缘继续氧化。在摇青和晾青交替进行的做青过程中，叶片绿色逐渐消退，边缘因氧化而呈现红色，茶叶散发出香气。

乌龙茶的香变、色变和味变

①香变：乌龙茶轻微发酵会生出青香，轻发酵转化成花香，中发酵转化成果香，重发酵转化成熟果香。

②色变：香气的变化与颜色的转变是同时进行的。菜香阶段茶是绿色，花香阶段茶是金黄色，果香阶段茶是橘黄色，熟果香阶段茶是朱红色。

③味变：发酵程度越轻，茶味越接近植物本身的味道；发酵程度越重，茶越远离本味，由发酵而产生的味道越重。

乌龙茶的特点

优质乌龙茶通常具备以下特点：

①形态：呈条索紧结重实的半球形，或条索肥壮、略带扭曲的条形。

②色泽：砂绿乌润或褐绿油润。

③香气：有浓郁的花果香、焙火香等高香。

④汤色：橙黄、橙红或金黄，清澈明亮。

⑤滋味：醇厚持久，鲜爽回甘。

⑥叶底：绿叶红镶边，即叶脉和叶缘部分呈红色，其余部分呈绿色，绿处稍带黄，红处明亮。

乌龙茶的功效

乌龙茶具有清心明目、杀菌消炎、延缓衰老、降血脂、降胆固醇、缓解心血管疾病和糖尿病症状等健康功效。乌龙茶尤其能促进脂肪代谢，减脂瘦身。

乌龙茶的分类

习惯上根据乌龙茶的产地将其分为闽北乌龙、闽南乌龙、广东乌龙和台湾乌龙。

①闽北乌龙：名茶有武夷水仙、大红袍、白鸡冠、水金龟、铁罗汉、武夷肉桂等。

②闽南乌龙：名茶有安溪铁观音、黄金桂、本山、毛蟹、永春佛手等。

冻顶乌龙

凤凰单丛

③广东乌龙：名茶有凤凰单丛等。

④台湾乌龙：名茶有文山包种茶、冻顶乌龙、东方美人茶、大禹岭茶、梨山茶、杉林溪茶、阿里山茶、木栅铁观音等。

武夷岩茶

武夷岩茶是闽北乌龙茶的代表，产于福建崇安武夷山。武夷山中心地带所产的茶叶，称“正岩茶”，香高味醇，岩韵特显；武夷山边缘地带所产的茶叶，称“半岩茶”，岩韵略逊于正岩茶；崇溪、九曲溪、黄柏溪溪边靠近武夷山两岸所产的茶叶，称“洲茶”，品质又更逊一筹。

武夷岩茶条索壮结匀整，色泽青褐油润，叶面有青蛙皮状白点，人称“蛤蟆背”；冲泡后，香气馥郁隽永，具有特殊的岩韵，俗称“豆浆韵”，汤色橙黄，清澈艳丽，滋味浓醇回甘，清新爽口；叶底“绿叶红镶边”，呈三分红、七分绿，柔软红亮。

在武夷岩茶中，以大红袍、铁罗汉、白鸡冠、水金龟“四大名丛”最为珍贵。

台湾乌龙的特色

①产茶季节：每年春、秋、冬三季采制，采摘时间分别为5月、11月、翌年1月。

②发酵程度：轻发酵（如文山包种茶）、中发酵（如梨山茶）、重发酵（如东方美人茶）。

③香气类型：有花香、果香、熟果香、奶香等。

④特色茶品：冻顶乌龙、东方美人茶等。

名优乌龙茶

大红袍

大红袍的品质特征

大红袍条索壮结匀整，色泽绿褐鲜润；冲泡后，茶汤橙黄至橙红，清澈艳丽，香气馥郁，香高持久，浓醇回甘，岩韵明显；叶底软亮，叶缘红，叶心绿。

大红袍母树

大红袍母树是指武夷山天心岩九龙窠悬崖峭壁上现存的六棵茶树，树龄已有350多年。

为保护大红袍母树，武夷山有关部门决定对其实行特别管护。自2006年起，当地对大红袍母树实行停采留养，茶叶专业技术人员对大红袍母树实行科学管理，并建立详细的管护档案，严格保护大红袍母树及周边的生态环境。

大红袍茶汤

大红袍

当年的大红袍新茶因焙火的原因，茶的刺激性较大，而隔年茶更加香气馥郁、滋味醇厚、顺滑可口。所以“茶叶贵新”不适用于大红袍，大红袍不讲究喝新茶。

安溪铁观音

安溪铁观音的品质特征

安溪铁观音产自福建省安溪县，别名红心观音。一年分四季采制，春茶品质最好，秋茶次之。

安溪铁观音质厚坚实，有“沉重似铁”之喻，干茶外形枝叶连理，结成球状，色泽砂绿翠润；冲泡后，汤色金黄或橙黄，香气馥郁持久，滋味醇厚爽口，齿颊留香。

安溪铁观音的著名产区

茶叶是一种特殊农产品，讲究天、地、人、种四者和谐，同一产区的不同山头，甚至同一山头不同高度的茶园，所产茶叶都有区别。安溪铁观音最著名的三个产区是西坪、祥华和感德，三地所产铁观音各有特点：

①西坪茶，特点为“汤浓韵明不很香”。西坪是安溪铁观音的发源地，出产的茶叶采用传统工艺制成。

②祥华茶，特点为“味正汤醇回甘强”。祥华茶久负盛名，产区山高雾浓，茶叶制法传统，所产茶叶品质独树一帜，回甘强的特点最为显著。

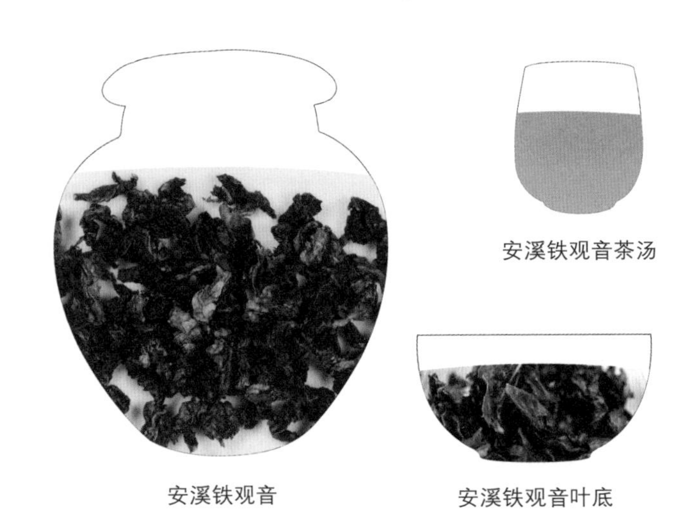

安溪铁观音茶汤

安溪铁观音

安溪铁观音叶底

③感德茶，特点为“香浓汤淡带微酸”。感德茶被一些茶叶专家称为“改革茶”“市场路线茶”，近年来在一些区域和人群中颇受欢迎，最大的特点是茶香浓厚。

观音韵

韵味是指安溪铁观音味道的甘甜度、入喉的润滑度及回味的香甜度。品质好的安溪铁观音带有兰花香，入口细滑，回味香甜，喝上三四道之后两腮会有口水涌动之感，闭上嘴后用鼻出气可以感觉到兰花香，这种韵味就是“观音韵”。

安溪铁观音按香气如何分类

安溪铁观音按香气分为以下三种：

①清香型铁观音。清香型铁观音为安溪铁观音的高档产品，原料来自铁观音发源地安溪高海拔、岩石基质土壤种植的茶树，具有鲜、香、韵、锐的特征。清香型铁观音汤色金黄，清澈明亮，香气高强，浓郁持久，醇正回甘，观音韵足。

②浓香型铁观音。浓香型铁观音是用传统工艺“茶为君，火为臣”制作的铁观音，使用沿用百年的独特烘焙方法，温火慢烘，所制茶叶具有醇、厚、甘、润的特征。浓香型铁观音干茶条索肥壮紧结，色泽乌润，香气纯正，带甜花香或蜜香、栗香，汤色呈深金黄色或橙黄色，滋味醇厚甘滑，观音韵显现，耐冲泡。

③韵香型铁观音。韵香型铁观音的制作方法是在传统正味做法的基础上，再经过120℃高温烘焙10小时左右，以提高滋味醇度、提升香气。韵香型铁观音原料来自铁观音发源地安溪高海拔、岩石基质土壤种植的茶树，茶叶发酵充分，具有浓、韵、润、特的特征，香气高，回甘好，韵味足。

凤凰单丛

凤凰单丛产于广东省潮州市凤凰镇乌岽山茶区。单丛茶，是从凤凰水仙群体品种中选择、培育优良单株茶树，经采摘、加工而成。因分株单采单制，故称“单丛”。凤凰单丛采摘标准为一芽二三叶，采摘有严格的要求，日光强烈时不采，雨天不采，雾水茶不采。一般于午后开采，当晚加工。

凤凰单丛的品质特征

凤凰单丛干茶条索挺直肥大，色泽黄褐，俗称“鳝鱼皮色”，且油润有光泽；冲泡后，有天然花果香，香味持久，汤色橙黄清澈，滋味醇爽回甘；叶底肥厚柔软，叶缘朱红，叶腹黄明。

凤凰单丛

凤凰单丛叶底

凤凰单丛的十大香型

凤凰单丛最有名的十种香型为蜜兰香、黄枝香、玉兰香、夜来香、肉桂香、杏仁香、柚花香、芝兰香、姜花香和桂花香。

文山包种茶

文山包种茶以青心乌龙茶树鲜叶制成，属半发酵茶，每年依节气采茶六次，其中以春茶和冬茶品质较好。

文山包种茶发酵程度较轻，因此风味比较接近绿茶。文山包种茶干茶呈条索状，色绿；冲泡后，汤色蜜绿鲜艳，清香优雅，滋味甘醇滑润，清鲜爽口。

冻顶乌龙

冻顶乌龙产自台湾凤凰山支脉冻顶山一带，茶区海拔1000～1800米。传说清朝咸丰年间，鹿谷乡的书生林凤池赴福建应试，中举人，还乡时从武夷山带回36株青心乌龙茶苗，其中12株种在麒麟潭边的冻

文山包种茶

文山包种茶茶汤

顶山上，经过繁育成为冻顶乌龙的原料茶。

冻顶乌龙在台湾高山乌龙茶中最负盛名，被誉为“茶中圣品”。冻顶乌龙干茶呈半球状，墨绿油润；冲泡后，茶汤清爽怡人，汤色蜜绿带金黄，茶香清新，带果香或浓花香，滋味醇厚甘润。

传统冻顶乌龙带明显焙火味，也有轻焙火冻顶乌龙。此外还有陈年炭焙茶，需要每年拿出来焙火，冲泡后茶汤甘醇，喉韵十足。

冻顶乌龙的特点

冻顶乌龙可四季采制，3月下旬～5月中旬采春茶，5月下旬～8月中旬采夏茶，8月下旬～9月下旬采秋茶，10月中旬～11月下旬采冬茶。其中春茶品质最好，秋茶、冬茶次之，夏茶品质较差。冻顶乌龙特点如下：

①形态：呈半球形，条索紧结重实。

②色泽：墨绿油润。

③汤色：黄绿明亮。

冻顶乌龙

冻顶乌龙茶汤

④香气：清新高爽，带有浓郁的花香、果香。

⑤滋味：甘醇浓厚，喉韵十足。

⑥叶底：枝叶嫩软，红边、绿叶油亮。

东方美人茶

东方美人茶主要产于台湾的新竹、苗栗一带，是台湾独有的名茶，别名膨风茶、香槟乌龙，又因其茶芽白毫显露，名为白毫乌龙茶，是半发酵乌龙茶中发酵程度最重的茶品。

东方美人茶产区环境独特，经常雾气弥漫，水汽充足，而且土壤和水均未受到工业污染，是茶树生长的最佳环境。东方美人茶茶树鲜叶经过小绿叶蝉的附着吸吮，嫩叶产生变化，叶片变小，茶芽白毫显露，叶片红、黄、褐、白、青五色相间，形成了特殊风味。

因茶树鲜叶必须让小绿叶蝉适度叮咬吸食，故茶园不能使用农药，且必须手工采摘一芽二叶，再以传统技术精制而成，因此高品质的东方美人茶价高量少，十分珍贵。

东方美人茶的品质特征

①形态：条索紧结，稍弯曲。

②色泽：白毫显露，白、青、黄、红、褐五色相间。

③汤色：呈红橙的琥珀之色，明丽润泽。

④香气：有浓郁的果香或蜜香。

⑤滋味：甘润香醇，味似香槟。

东方美人茶

东方美人茶茶汤

红茶

红茶是全发酵茶，因冲泡后的茶汤、叶底以红色为主调，故得此名。在全球茶叶贸易中，红茶占第一位，其次才是绿茶、乌龙茶等。近年来，中国喜欢泡饮红茶的人数大大增加。

红茶分为工夫红茶、小种红茶和红碎茶。红茶的鲜叶品质由嫩度、匀度、净度和鲜度四方面决定，鲜叶质量的优劣直接关系到成品红茶的品质。

红茶茶汤

制作红茶要使用适制红茶的茶树品种的鲜叶，如云南大叶种鲜叶，叶质柔软肥厚，茶多酚等成分含量较高，制成的红茶品质优良。此外，海南大叶种、广东英红1号以及江西宁州种等都是适制红茶的好品种。

红茶叶底

红茶的特点

红茶在制作过程中发生了以茶多酚酶促氧化为中心的化学反应，鲜叶中的化学成分变化较大，茶多酚减少90%以上，茶黄素、茶红素等新的成分产生，香气物质明显增加，咖啡因、儿茶素和茶黄素结合成滋味鲜美的物质，从而形成了红茶红汤、红叶底和香甜味醇的品质特征。

①产茶季节：多为春、秋二季。

②原料：通常采摘一芽二叶到三叶，且叶片的老嫩程度应一致。

③加工工艺：萎凋、揉捻、渥红、干燥。

④干茶：呈暗红褐色，多为条形和颗粒状。

⑤汤色：红艳明亮。

⑥香气：有蜜香、花果香、甜香、焦糖香等。

⑦滋味：醇厚。

⑧茶性：温和。

渥红

渥红是红茶生产过程中的发酵工艺，是使茶鲜叶发生红变的过程。经过渥红，茶鲜叶由绿变红，香气产生。

冷后浑

冷后浑是优质红茶的特征之一，出现这种现象是由于红茶中部分溶于热水的物质因水温降低而冷凝，使茶汤看上去有些浑浊。加入沸水使水温升高后，茶汤就会恢复明亮。

中国红茶的分类

按照制作方法与出品的茶形，中国红茶可以分为以下三类：

①工夫红茶：是我国传统的独特茶品。因采制地区、茶树品种和制作技术不同，又分为祁红、滇红、宁红、川红、闽红、越红等。

②小种红茶：产于我国福建省武夷山。由于小种红茶在加工过程中使用松柴火加温进行萎凋和干燥，所以制成的茶叶具有浓郁的松烟香。因产地和品质的不同，小种红茶又有正山小种和外山小种之分，名品为正山小种。小种红茶可在冲泡后加入牛奶，茶香味不减。

③红碎茶：是国际茶叶市场的大宗茶品。红碎茶不是普通红茶的碎末，而是在加工过程中将条形茶切成细段的碎茶，故命名为红碎茶。因茶树品种的不同，红碎茶品质也有较大的差异。红碎茶颗粒紧结重实，色泽乌黑油润；冲泡后，香气浓郁，汤色红浓，滋味醇厚，叶底红匀。

优质工夫红茶的品质特点

优质工夫红茶具有以下品质特点：

①形态：条索紧细匀齐。

②色泽：乌润有光泽。

③香气：甜浓。

④汤色：红艳明亮。

⑤滋味：醇厚。

⑥叶底：黄褐明亮。

工夫红茶——祁红

优质小种红茶的品质特点

优质小种红茶具有以下品质特点：

①形态：条索肥壮重实。

②色泽：乌润有光泽。

③香气：高长，带松烟香。

④汤色：红浓。

⑤滋味：醇厚，带桂圆味。

⑥叶底：厚实，呈古铜色。

小种红茶——金骏眉

优质红碎茶的品质特点

优质红碎茶具有以下品质特点：

①形态：颗粒紧卷，重实匀齐。

②色泽：乌润或带褐红。

③香气：鲜浓。

④汤色：红艳明亮。

⑤滋味：浓醇强鲜。

⑥叶底：红艳明亮，柔软匀整。

红碎茶

名优红茶

祁红

祁红产自安徽省祁门县，全称祁门工夫红茶，又称祁门红茶，是我国传统工夫红茶中的珍品，有100多年生产历史，在国内外享有盛誉。国外将祁门红茶与印度大吉岭茶、斯里兰卡乌伐的季节茶并称为世界三大高香茶。

优质祁红条索紧秀而稍弯曲，有锋苗，色泽乌黑泛灰光，俗称“宝光”；冲泡后，汤色红艳明亮，香气浓郁高长，有蜜糖香，蕴含兰花香，素有“祁门香”之称，滋味醇厚，回味隽永，叶底鲜红嫩软。

川红

川红产自四川省宜宾市等地，全称川红工夫红茶，创制于20世纪50年代，是我国高品质工夫红茶的后起之秀，以色、香、味、形俱佳而闻名。

优质川红条索肥壮圆紧，显毫，色泽乌黑油润；冲泡后，香气清鲜带果香，汤色浓亮，滋味醇厚爽口，叶底红明匀整。

闽红

闽红产自福建省，全称闽红工夫红茶。由于茶叶产地、茶树品种和品质风格不同，闽红又分为白琳工夫、坦洋工夫和政和工夫。这三种茶各有特色：

①白琳工夫：干茶条索细长弯曲，茸毫多，色泽黄黑；冲泡后，汤色浅亮，香气鲜纯有毫香，味清鲜甜，叶底鲜红带黄。

②坦洋工夫：干茶条索细长匀整，带白毫，色泽乌黑有光；冲泡后，香味清鲜，汤色金黄，叶底红匀光滑。

③政和工夫：闽红三大工夫茶中的上品。干茶条索紧结肥壮，多毫，色泽乌润；冲泡后，汤色红浓，香高鲜甜，滋味浓厚，叶底红匀肥壮。

正山小种

正山小种产自福建省桐木关，是世界红茶的鼻祖。

优质正山小种条索肥壮重实，色泽乌润有光；冲泡后，汤色红浓，香气高长带松烟香，滋味醇厚带桂圆味，叶底柔软厚实，呈古铜色。现在有些正山小种因环境保护等原因，加工过程中不再用松烟熏制，因而没有松烟香。

正山小种

正山小种茶汤

金骏眉

金骏眉的原料为武夷山国家级自然保护区内、海拔1500～1800米高山上的原生态小种野茶鲜叶，由熟练的采茶工手工采摘芽尖部分，之后采用正山小种传统工艺，由制茶师傅全程手工制作而成。

金骏眉干茶外形细小紧秀，色泽乌黑有油光，满披金黄色茸毫；冲泡后，汤色金黄，香气似果、蜜、花、薯等综合香型，滋味鲜活甘爽，喉韵悠长，沁人心脾，十余泡后口感仍然饱满甘甜；叶底舒展后，芽尖鲜活，秀挺亮丽，为可遇不可求的茶中珍品。

金骏眉

红茶的功效

①利尿。在红茶中的咖啡因和芳香物质的共同作用下，肾脏的血流量增加，促进排尿。

②消炎杀菌。红茶中的多酚类化合物具有消炎的作用，所以细菌性痢疾和食物中毒患者喝红茶颇有益。

③强壮骨骼。美国一项长达10年的调查结果表明，饮用红茶的人骨骼更强壮。红茶中的多酚类化合物有抑制破坏骨细胞物质活力的作用。

④抗衰老。红茶中含有丰富的抗氧化剂，具有很强的抗衰老作用。

⑤养胃护胃。红茶是全发酵茶，不仅不会伤胃，反而能够养胃。经常饮用加糖、加牛奶的红茶，能保护胃黏膜。

⑥抗癌。一般认为茶叶的抗癌作用主要表现在绿茶上，但是研究发现，红茶同样有很强的抗癌功效。

⑦舒张血管。红茶中含有丰富的钾元素，对心脏保健有益。日本大阪市立大学的一项实验指出，饮用红茶一小时后，心脏血管的舒张度增加，血流速度有所改善。

红茶的适合人群

红茶适合老年人、胃或心脏不好的人、失眠者及女性饮用。

世界最著名的四大红茶

①祁门红茶。祁门红茶产于中国安徽省祁门县，是中国传统工夫红茶的珍品，创制于19世纪后期，是世界三大高香茶之一，有“茶中

英豪”“群芳最”“王子茶”等美誉，主要出口英国、荷兰、德国、日本、俄罗斯等几十个国家和地区，多年来一直是中国的国事礼品茶。

②大吉岭红茶。大吉岭红茶产于印度西孟加拉邦北部喜马拉雅山麓的大吉岭高原一带。大吉岭红茶以五六月的二号茶品质最优，被誉为“红茶中的香槟”。优质大吉岭红茶冲泡后汤色橙黄，气味芬芳高雅，带有葡萄香。大吉岭红茶口感柔和，适合春季和秋季饮用，也适合做成奶茶、冰茶及各种花茶。

③斯里兰卡红茶。斯里兰卡旧称“锡兰”，锡兰红茶以乌沃茶最为著名，产自斯里兰卡山岳地带的东侧。

④阿萨姆红茶。阿萨姆红茶产自印度东北部喜马拉雅山麓的阿萨姆溪谷一带。阿萨姆红茶干茶外形细扁，色泽深褐；冲泡后，汤色深红，带有淡淡的麦芽香、玫瑰香，滋味浓烈，是冬季饮茶的佳选。

英国人的“红茶情结”

英国人有喝下午茶的风俗，下午茶喝的就是红茶。“当钟敲响四下，世上一切为茶而停”，每天下午4点左右，无论多忙，英国人都要放下手头的工作，一边喝茶，一边吃些点心，稍稍休息。

下午茶有固定时间，但并不意味着英国人喝茶的时间仅限于下午。很多英国人习惯早晨起床空腹喝一杯茶提神醒脑。上午11点左右，要饮红茶并配茶点。在午餐中，奶茶也是必不可少的。英国人对红茶可谓情有独钟。

黑茶

黑茶属于后发酵茶，是我国特有的茶类。黑茶生产历史悠久，以紧压茶边销为主，主要产于湖南、湖北、四川、云南、广西等地。由于黑茶的原料比较粗老，制作过程中往往要渥堆发酵较长时间，所以叶片大多呈暗褐色，因此被人们称为“黑茶”。在黑茶中，云南普洱茶、广西六堡茶较为著名。

黑茶

后发酵

后发酵就是经过杀青、干燥后，茶叶在湿热作用下再进行发酵。黑茶制作过程中的渥堆发酵就是后发酵，在湿热的条件下堆放茶叶，促使茶叶发生物理变化和化学变化，从而形成黑茶的品质特征。普洱生茶自然陈化的过程也是一种缓慢的后发酵。

黑茶的特点

①原料：多为粗老的梗叶。

②色泽：黑褐。

③香气：具有纯正的陈香。

④汤色：呈橙黄色、橙红色、枣红色等。

⑤滋味：醇厚回甘。

黑茶的分类

黑茶通常按产地分类，可分为湖北青砖茶、湖南黑茶、四川边茶、陕西泾阳茯砖茶、广西六堡茶、云南普洱茶等。

黑茶的功效

①降脂减肥，保护心脑血管。黑茶中的茶多酚及其氧化物能促进脂肪溶解并排出，降低血液中胆固醇的含量，从而减少动脉血管壁上的胆固醇沉积，降低动脉硬化的发病率。

②增强肠胃功能。黑茶中的有效成分在抑制人体肠胃中有害微生物生长的同时，又能促进有益菌的生长繁殖，具有良好的增强肠胃功能的作用。

③降血压。黑茶中的生物碱和类黄酮物质可使血管壁松弛，增加血管的有效直径，通过使血管舒张而使血压下降。同时，黑茶中的茶氨酸也能起到抑制血压升高的作用。

④抗氧化。黑茶中的儿茶素、茶黄素、茶氨酸等物质具有清除自由基的功能，因而具有抗氧化、延缓衰老的作用。

此外，黑茶还有防癌、降血脂、防辐射、消炎等茶叶共有的保健作用。

名优黑茶

普洱茶

普洱茶是以云南省一定区域内的云南大叶种晒青毛茶为原料，经过后发酵加工而成的黑茶。普洱茶分为散茶和紧压茶。普洱茶需符合三个条件：

①以云南一定区域内的大叶种茶树鲜叶为原料；

②茶树鲜叶的干燥方式为晒干；

③经后发酵加工而成。

普洱熟茶和普洱生茶

普洱熟茶是指经过后发酵的普洱茶，未经发酵的普洱茶为普洱生茶。以业界的标准界定，普洱茶应仅指普洱熟茶。普洱生茶为未经发酵的晒青茶，本应划归绿茶类。

普洱熟茶茶饼

普洱生茶茶饼

存放几年后的普洱生茶

普洱生茶加工工艺

普洱生茶的加工工艺为萎凋、杀青、揉捻、晒干。

普洱生茶茶性较刺激，存放多年后茶性会变温和。经自然发酵，陈放多年的普洱生茶被称为普洱老茶。

普洱熟茶加工工艺

普洱熟茶的加工工艺为萎凋、杀青、揉捻、晒干、蒸压、干燥、渥堆发酵、翻堆、出堆、解块、干燥、分级。

普洱熟茶的主要加工工艺是渥堆发酵。1973年，中国茶叶公司云南茶叶分公司根据市场发展的需要，最先在昆明茶厂试制普洱熟茶，后在勐海茶厂和下关茶厂推广生产工艺。渥堆发酵加速了普洱茶的陈化，虽然夺去了普洱茶的一些东西，但也赋予了普洱茶一些有益的成分，使茶性更加温和。经过渥堆发酵，普洱熟茶干茶呈深褐色，冲泡后汤色红浓明亮，香气独特，滋味醇厚回甘，叶底红褐均匀。

普洱熟茶的品质特点

优质普洱熟茶应具有以下特征：

①外形：散茶匀整，紧压茶松紧适度，呈棕红色或棕褐色。

②汤色：红褐明亮。

③香气：陈香浓郁。陈香是普洱茶在后发酵过程中，多种化学成分在微生物和酶的作用下形成的新物质产生的一种综合香气，似桂圆香、红枣香、槟榔香等，总之是令人愉快的香气。普洱茶香气达到较高境界即为普洱茶的陈韵。

④滋味：醇和爽滑，回甘好。

⑤叶底：呈暗栗色或黑色。

普洱熟茶茶汤

普洱熟茶茶饼

普洱熟茶的功效

普洱熟茶能增强肠胃消化功能，有助于减肥瘦身，提高免疫力，调节血压、血糖，还有抗癌、健齿护齿、抗衰老等作用。

普洱茶外形

普洱茶外形主要有五种：

①饼茶：呈扁平圆盘状。其中七子饼每块净重357克，每7块包装为1筒，故名“七子饼”。

②沱茶：形状跟碗臼一般，每块净重100～250克。现在还有小沱茶，每块净重2～5克。

③砖茶：为长方形或正方形，以每块重250克、1000克的居多，制成这种形状主要是为了运输方便。

④金瓜贡茶：为大小不等的南瓜形，每块重100克到数千克。

⑤散茶：制茶过程中未经压制，茶叶为散条形。散茶有用整张茶叶制成的条索粗壮肥大的叶片茶，也有用芽尖部分制成的条状的芽尖茶。

普洱茶的存放方法

受“普洱茶越陈越香”舆论的影响，许多人热衷于存放普洱茶。存放普洱茶时最好选择紧压茶。

普洱茶的存放比较容易，一般情况下，只要不受阳光直射，在干燥、通风、无杂味、无异味的环境里放置即可。有条件的可以将普洱茶放在干净、无异味并且透气性好的大陶罐里，几年内茶气不会消散。

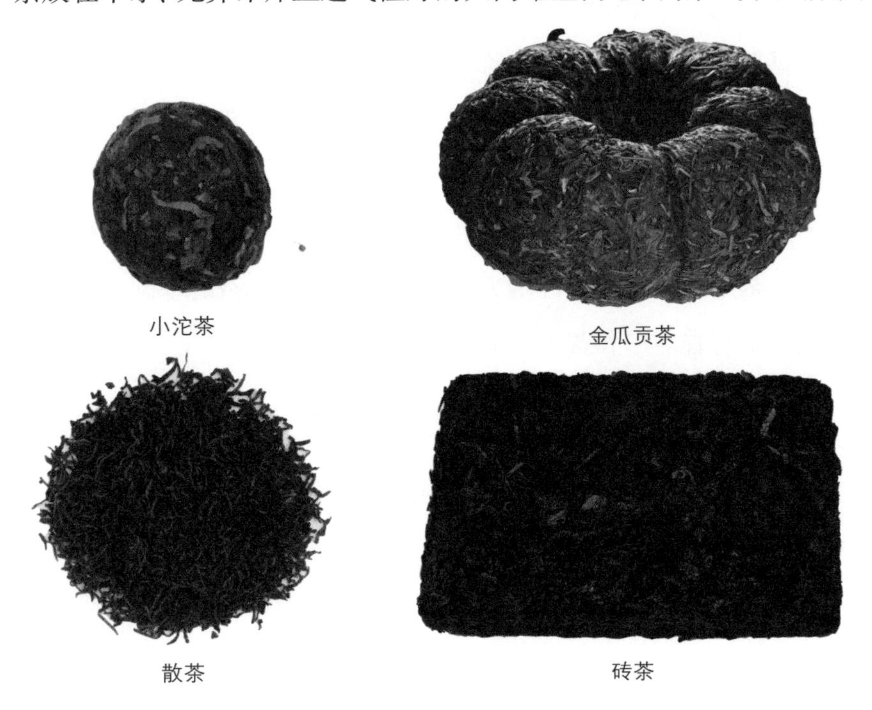

小沱茶　金瓜贡茶

散茶　砖茶

与普洱茶有关的茶品

①普洱茶膏。普洱茶膏是把发酵后的普洱茶通过特殊的方式分离出茶汁，将获得的茶汁进行再加工制成的固态速溶茶。茶膏的颜色焦黑似炭，香气和滋味浓郁，具有普洱茶所有的有益成分和保健功效。

螃蟹脚

②普洱茶老茶头。在人工发酵过程中，因为温度、湿度、翻堆等原因，部分普洱茶毛茶结块，形成块状普洱茶，茶厂会将这些茶块捡出，即为普洱茶老茶头。普洱茶老茶头具有兼具生茶和熟茶特色的香气和滋味，十分独特。

③螃蟹脚。螃蟹脚是一种茶树寄生植物，因形状为节状并且带毫，如螃蟹的腿，故被当地人称为“螃蟹脚”。据说只有上百年的古茶树上才有螃蟹脚，它吸收了茶树的养分，具有与普洱茶类似的淡淡香气。

④菊普茶。菊普茶是将菊花和普洱熟茶一起冲泡而成的一种茶，在广东、福建深受欢迎。冲泡方法是在冲泡普洱熟茶的基础上加入数朵菊花，菊花香能中和普洱茶的厚重感。

与普洱茶相关的词汇

①内飞：1950年之前的普洱茶内通常都有一张糯米纸，印有厂家名称，就是“内飞”，通常用于防伪。

②印级：茶叶包装纸上的“茶”字以不同颜色标示，分为红印、

绿印、黄印，用于区别茶品。

③干仓：指用于存放普洱茶的通风、干燥、清洁的仓库。存放在干仓中的普洱茶为自然发酵，发酵期较长。

④湿仓：指用于存放普洱茶的较潮湿的地方。存放于湿仓中的普洱茶发酵速度快。

⑤茶号：普洱茶作为商品，过去主要是边销和外销。普洱茶的花色、级别不同，而且均有各自的茶号。

普洱茶的茶号为四位数或五位数，前面两位数为该厂创制该品号普洱茶的年份；最后一位数为该厂的厂名代号（1为昆明茶厂、2为勐海茶厂、3为下关茶厂、4为普洱茶厂）；中间一位数或两位数为普洱茶的级别，数字越小表明茶叶原料越幼嫩，数字越大表明茶叶原料越粗老。例如，“7683”表示下关茶厂生产的8级普洱茶，该厂1976年开始生产该种普洱茶；“79562”表示勐海茶厂生产的5级或6级普洱茶，该厂1979年开始生产该种普洱茶；“7542”表示勐海茶厂生产的4级普洱茶，该厂1975年开始生产该种普洱茶。

泾阳茯砖茶

泾阳茯砖茶产于陕西省泾阳县，距今已有600多年的生产历史。因在伏天加工，香气与茯苓类似，且蒸压后的外形为砖形，故称茯砖茶。制作茯砖茶要经过原料处理、蒸汽渥堆、压制定型、发花干燥、成品包装等工序。

泾阳茯砖茶外形为长方形，特制茯砖砖面色泽黑褐，内质香气纯正，汤色红黄明亮，滋味醇厚，叶底黑褐匀齐；普通茯砖砖面色泽黄褐，内质香气纯正，汤色红黄明亮，滋味醇和，叶底黑褐粗老。

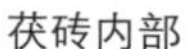

茯砖内部

茯砖茶汤

茯砖内金黄色霉菌颗粒大，干嗅有黄花清香，这是泾阳茯砖茶的独特之处。泾阳茯砖茶能较好地降脂解腻，而且能养胃健胃。

六堡茶

六堡茶产于广西壮族自治区梧州市苍梧县六堡乡，属黑茶类，因产于六堡乡而得名。

六堡茶干茶色泽黑褐，茶汤红浓明亮，香气陈醇，有槟榔香，滋味醇厚，爽口回甘，叶底红褐，耐存放。六堡茶越陈越好，久藏的六堡茶发“金花”（冠突曲霉菌），这是六堡茶品质优良的表现。

六堡茶

花茶

花茶用鲜花和茶叶窨制而成，是再加工茶类中的一种，又名窨花茶、香片茶等。花茶集茶味与花香于一体，茶引花香，花增茶味，两者相得益彰，既保持了浓郁爽口的茶味，又有鲜灵芬芳的花香，冲泡品饮，花香袭人，茶香满口，令人心旷神怡。最常见的花茶是茉莉花茶。

茉莉花茶

花茶茶坯

窨制花茶应选用嫩度较好的茶坯，以芽头饱满、茸毫多、无叶的嫩芽为优，一芽一叶次之。绿茶、红茶、乌龙茶都可作为窨制花茶的茶坯。

①绿茶：较容易吸收花的香气。成品茶如茉莉花茶。

②红茶：滋味比较重，不太容易吸收花香。成品茶如玫瑰红茶。

③乌龙茶：基本是球形的，揉捻得比较紧，较不容易吸香，需要多次窨制。成品茶如桂花乌龙。

花茶的主要产地

花茶主要产于福建、江苏、浙江、广西、四川、安徽、湖南、江西、湖北、云南等地。

花茶的著名品种

花茶的著名品种有茉莉银针、茉莉绣球、玫瑰绣球、玫瑰红茶、桂花乌龙、荔枝红茶等。

花茶的特点

花茶用茶叶和鲜花窨制而成，富有花香，多以窨的花种命名，如茉莉花茶、桂花花茶、玉兰花茶等。

①原料：茶叶、鲜花。

②外观：根据茶坯茶类不同而不同，有些会有少许花瓣。

③香气：集茶味与花香于一体。

④汤色：因茶坯茶类不同而呈现不同的汤色。

⑤滋味：既有浓郁爽口的茶味，又有花的甜香。

花茶香气的评价标准

评价花茶的香气有三个标准：

①鲜灵度，即香气的新鲜灵活程度，不可陈闷。

②浓度，即香气的深浅程度，不可淡薄。

③纯度，即香气的纯正程度及与茶味融合协调的程度，不可有杂味、怪味，不可闷浊。

花茶中的干花

有人认为干花多就证明花茶质量好，这种理解有偏差。正规茶行所售花茶里一般没有或者只有少量干花，因为厂家完成花茶加工后会请专人挑去干花，特别是高档花茶。但有个别品种，如产自四川峨眉山的碧潭飘雪，会撒上些许新鲜茉莉花烘干的花瓣加以点缀。

少数不良茶商会将废花渣拌入茶叶，或者加入香精提香。所以，购买花茶时，最好不要以干花多少来判断花茶质量。

另外，购买花茶时一定要品尝，最好冲泡三次，如果花香还在，说明窨制的次数比较多，品质较好。

选购花茶的方法

购买花茶时首先要观察花茶的外观，将干茶放在茶荷里，嗅闻花茶香气，检查茶坯的质量。有些花茶中有一些干花，那是为了“锦上添花”，加入的干花是没有香气的，因此不能以干花多少来判断花茶质量的优劣。

接着一定要进行冲泡，最好选用盖碗，因为盖碗既可闻香、观色，还可品饮。取两三克花茶放入盖碗中，用90℃左右的水冲泡，随即盖上杯盖，以防香气散失。两三分钟后揭盖观赏茶在水中上下沉浮的景象，称为“目品”。再嗅闻碗盖，顿觉芬芳扑鼻而来，称为“鼻品”。茶汤稍凉适口时，小口喝入，在口中稍作停留，使茶汤在舌面上往返流动一两次，充分与味蕾接触，称为“口品”。通过三次冲泡，茶形、滋味、香气俱佳者为高品质的花茶。

茉莉花茶

茉莉花茶用鲜茉莉花和绿茶窨制而成。窨制就是让茶坯吸收花香的过程。茉莉花茶的窨制是很讲究的，制作茉莉花茶时，需要窨制三到七遍才能让茶坯充分吸收花的香味。每次毛茶吸收完鲜花的香气之后，都需筛出废花，然后再次窨花，再筛，如此重复数次。窨制的次数越多，茉莉花茶的香气越清透。

茉莉花茶

非茶之茶

在中国，“茶”是一个非常包容的概念，中国人习惯将对身体有益的饮料都称为“茶”。非茶之茶大体可分为两类：一类具有保健作用，称为“保健茶”，例如大麦茶、菊花茶、苦丁茶；另一类则是休闲时饮用的“点心茶”，例如水果茶等。

保健茶是用植物的根、茎、叶、花、皮、果实等熬煮或冲泡而成的草本饮料。有些保健茶是用药食两用食材冲泡的，有一定的健康功效。保健茶比较温和，非常适合日常饮用；有些具有特殊的香气和颜色，可使人放松身心。常见的保健茶有枸杞茶、菊花茶、玫瑰花茶、荷叶茶等。

休闲时的点心茶制作比较随意，常见的水果茶是将新鲜水果或加工制成的水果粒，单品种或混合，加水冲泡或煮饮而成。常见的水果茶有梨茶、橘茶、香蕉茶、山楂茶、椰子茶等。水果茶滋味甜美，深受年轻人喜爱。

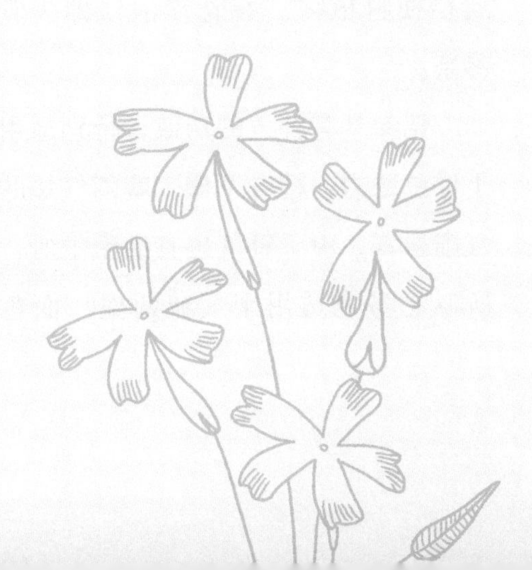

枸杞茶

枸杞茶是用温水冲泡枸杞制成的茶饮。

枸杞具有补肾益精、养肝明目、调节血糖、降低胆固醇的功能，对于糖尿病有辅助治疗作用，并能预防动脉粥样硬化。此外，枸杞对肝肾不足引起的头晕耳鸣、视力模糊、记忆力减退具有调理作用。

枸杞可与很多花草配伍。与菊花配伍，有明目的功效；与女贞子配伍，适用于调理肝肾精血不足导致的头晕目眩、视物不清；与麦冬配伍，适用于调理热盛伤阴、阴虚肺燥。

枸杞

党参茶

党参因产自山西上党而得名，属桔梗科植物。将党参泡饮即为党参茶。

党参具有补气的功效，特别适用于倦怠乏力、精神不振、胸闷气短的气虚患者。由于补气也有助于生血，所以党参也适用于气血两虚、面色

党参

苍白、头晕眼花、胃口不好、大便稀软、容易感冒的人群。党参还具有调节胃肠运动、增强免疫力、增强造血功能，以及抑制血小板聚集、镇静安神、抗惊厥的作用。党参常与红枣、蒲公英、黄芪、紫苏叶等搭配煎煮，代茶饮用。

菊花茶

菊花味甘苦，性微寒，有疏散风热、清肝明目、清热解毒等作用，对缓解眼睛疲劳、头痛等有一定效用。菊花可直接用热水冲泡后饮用，也可加少许蜂蜜调味。菊花茶适合头晕目眩、目赤肿痛、肝火旺以及血压高者饮用，但菊花性凉，体虚、脾虚、胃寒、容易腹泻者慎用。

菊花

菊花的品种有很多，湖北麻城的福白菊、浙江桐乡的杭白菊、安徽黄山脚下的黄山贡菊（徽州贡菊）比较有名，安徽亳州的亳菊、安徽滁州的滁菊、四川中江的川菊、浙江德清的德菊、河南焦作的怀菊有较高的药用价值。

菊花茶

玫瑰花茶

玫瑰花含有丰富的维生素和鞣酸，能排毒养颜，改善内分泌失调，而且对消除疲劳和伤口愈合有一定帮助。

玫瑰花花蕾干制，用沸水冲泡即成玫瑰花茶，适合肝气郁结所致胸胁胀痛、胸膈痞闷、乳房胀痛和月经失调者饮用，阴虚有火、内热者慎饮。玫瑰花既可单独作为茶饮，也可搭配绿茶和红枣当茶饮，可去心火，保持精力充沛。

玫瑰花

大麦茶

大麦茶是将大麦炒制后再沸煮而得，是中国、日本、韩国等国民间广受欢迎的一种传统清凉饮料。把大麦炒制成焦黄，饮用前，只需要用沸水冲泡两三分钟就可浸出浓郁的麦香。

大麦茶味甘，性平，含有消化酵素和多种维生素，能够益气和胃，适用于病后胃弱引起的食欲不振。大麦茶含有人体所需的微量元素、氨基酸、不饱和脂肪酸、蛋白质和膳食纤维，能增强食欲，暖肠胃。许多韩国家庭都用大麦茶代替饮用水。

■ 理性看待非茶之茶

第一，应客观、平和地看待各种非茶之茶。药草茶、花草花和其他特色健康茶属于保健茶，而不是包治百病的灵药，虽然对调理体质、轻身养颜、预防疾病以及调理小病具有一定作用，但不能代替药物，身体出现急症时应尽快就医。

第二，花草茶、药草茶搭配种类越多，功效越多，但是对身体造成不良影响的可能性也越高。在选择花草和药草时，要从自己的体质出发，而且花草茶混搭的种类不宜过多。

第三，饮用各种非茶之茶前最好咨询医生，饮用过程中应认真观察自己的身体反应，有不适感应立即停饮。

第四，一些比较寒凉的花草茶和药草茶在上火时喝两三天即可，不宜长期饮用，以免养生不成反而伤胃。

非茶之茶应依据个人身体情况，适时、适量饮用，不应连续长时间饮用。

二

明代许次纾《茶疏》中曾说："精茗蕴香，借水而发，无水不可与论茶也。"充分说明了好茶需要配好水，好水才能泡好茶。水质能直接影响茶汤品质，水质不好，则不能正确反映茶叶的色、香，对茶汤滋味影响更大。

泡茶择水有讲究

泡茶用水有讲究

泡茶常用的水

泡茶常用的有六种水：

①山泉水：是泡茶最理想的水，但应注意是否洁净，且不宜存放过久，以新鲜为好。

②江水、河水、湖水：远离人口密集处的江水、河水、湖水也是泡茶的好水。

③雪水、雨水：被古人称为“天泉”，尤其是雪水，更为古人所推崇。

④井水：属地下水，悬浮物含量少，透明度较高。

⑤纯净水：净度好，透明度高，是泡茶的好水。

⑥自来水：含有用来消毒的氯气，氯化物与茶中的多酚类物质发生反应，使茶汤表面形成一层“锈油”，喝起来有苦涩味。此外，在水管中滞留较久的自来水还含有较多的铁离子，当水中的铁离子含量超过万分之五时，会使茶汤呈褐色。

古人对泡茶用水的选择标准

古人对泡茶用水的选择标准为清、活、轻、甘、冽。

①清：水质要清。要求无色、透明、无沉淀物。

②活：水源要活。现代科学研究表明，在流动的水中，细菌不

易繁殖，而且活水经自然净化，氧气含量较高，泡出来的茶汤特别鲜爽。

③轻：水体要轻。水的比重越大，说明溶解的矿物质越多。实验表明，当水中的铁离子含量过高时，茶汤就会发暗，滋味也变淡；铝离子含量过高时，茶汤会有明显的苦涩味；钙离子含量过多时，茶汤会带涩。因此，泡茶用水以轻为美。

④甘：水味要甘。入口之后，舌尖立刻便会有甜滋滋的感觉。咽下去后，喉中也有甜爽的回味。

⑤洌：即冷寒之意。寒洌之水大多出于地层深处的泉脉之中，受污染较少，泡出来的茶汤滋味纯正。

古人如何说水

①水要甘而洁。宋代蔡襄在《茶录》中说："水泉不甘，能损茶味。"宋徽宗赵佶在《大观茶论》中提出："水以清轻甘洁为美。"此外，北宋王安石还有"土润箭萌美，水甘茶串香"的诗句。

②水要活而清。宋代唐庚的《斗茶记》记载："水不问江井，要之贵活。"明代张源在《茶录》中分析得更为具体，指出："山顶泉清而轻，山下泉清而重，石中泉清而甘，砂中泉清而冽，土中泉淡而白。流于黄石为佳，泻出青石无用。流动者愈于安静，负阴者胜于向阳。真源无味，真水无香。"

③贮水要得法。明代许次纾在《茶疏》中指出："水性忌木，松杉为甚。木桶贮水，其害滋甚，挈瓶为佳耳。"

古代泡茶用水分等的情况

唐代刘伯刍是我国古代著名的鉴水家，他将天下适宜泡茶的水进行了排名，情况如下：扬子江南零水（又名中泠泉），第一；无锡惠山寺石泉水，第二；苏州虎丘寺石泉水，第三；丹阳县观音寺水，第四；扬州大明寺水，第五；吴淞江水，第六；淮水，第七。

山泉水

泉水泡茶有讲究

一般说来，在天然水中，泉水比较清澈、杂质少、透明度高，并且污染少，水质最好。但是，由于水源和流经途径不同，不同泉水中的溶解物和泉水硬度等会有很大差异。因此，并不是所有泉水都是优质的，不是所有泉水都适合泡茶。有些泉水，如硫黄矿泉水就已失去饮用价值。

中国五大名泉

中国五大名泉有多种说法，比较被认可的说法是：镇江中泠泉、无锡惠山泉、苏州观音泉、杭州虎跑泉和济南趵突泉。

镇江中泠泉

中泠泉又名南零水，早在唐代就已天下闻名，刘伯刍把它推举为全国宜于煎茶的七大水品之首。中泠泉原位于江苏镇江金山以西的长江江中盘涡险处，汲取极难。文天祥有诗写道："扬子江心第一泉，南金来此铸文渊。男儿斩却楼兰首，闲品茶经拜羽仙。"如今，因江滩扩大，中泠泉已与陆地相连，仅是一个景观了。

无锡惠山泉

无锡惠山泉号称"天下第二泉"。此泉于唐代大历十四年（779年）开凿，距今已有1200多年历史。唐代张又新《煎茶水记》中说："水分七等……惠山泉为第二。"宋末元初书法家赵孟頫和清代书法家王澍分别书有"天下第二泉"，刻石于泉畔，至今保存完整。

惠山泉分上、中、下三池。上池呈八角形，水色透明，甘醇可口，水质最佳；中池为方形，水质次之；下池最大，为长方形，水质又次之。

历代王公贵族和文人雅士都把惠山泉水视为珍品。相传唐代宰相李德裕嗜饮惠山泉水，常令地方官吏用坛封装泉水，从镇江运到长安（今陕西西安），全程数千里。当时诗人皮日休，借杨贵妃驿递南方荔枝的故事，作了一首讽刺诗："丞相长思煮茗时，郡侯催发只忧迟。吴关去国三千里，莫笑杨妃爱荔枝。"

苏州观音泉

苏州观音泉为苏州虎丘胜景之一，位于苏州虎丘山观音殿后，泉水清澈甘冽，终年不断。据传此泉为陆羽所凿，故又名陆羽井。唐代刘伯刍和张又新都认定观音泉为第三泉。观音泉有两个泉眼，同时涌出泉水，一清一浊，泾渭分明，令人赞叹。

杭州虎跑泉

相传，唐代元和年间，有个名叫性空的和尚游方到虎跑，见此处环境优美，风景秀丽，便想建座寺院，但此处无水源，和尚一筹莫展。夜里，和尚梦见神仙相告："南岳衡山有童子泉，当夜遣二虎迁来。"第二天，果然跑来两只老虎，刨地作穴，泉水涌出，水味甘醇，虎跑泉因此而得名。

同其他名泉一样，虎跑泉水质好也有地质学依据。虎跑泉的北面是林木茂密的群山，地下是石英砂岩。天长日久，岩石经风化作用，产生许多裂缝，地下水通过砂岩的过滤，慢慢从裂缝中涌出。据分析，虎跑泉水可溶性矿物质较少，总硬度低，张力大，水质极好。

济南趵突泉

趵突泉为济南七十二泉之首，位于济南旧城西南角，泉的西南侧有一座精美的观澜亭。趵突泉水清澈透明，味道甘美，是十分理想的饮用水。

现代泡茶常用的水

喝茶已成为现代人生活中不可缺少的一部分。但我们饮用山泉水、江水、雪水等天然水的机会很少。很多名泉地都开发了桶装泉水，我们可以根据自己的情况选用。另外，从超市购买的纯净水以及经过过滤装置处理的自来水等，泡茶都不错。

软水和硬水

现代科学分析认为，水有软水和硬水之分。不含或较少含钙、镁、铁、锰等可溶性盐类的水为软水，含有较多钙、镁、铁、锰等可溶性盐类的水为硬水。简单地说，在无污染的情况下，自然界中只有雪水、雨水和露水才称得上软水，其他如泉水、江水、河水、湖水和井水等均为硬水。

软水泡茶，茶汤的色、香、味俱佳。含碳酸氢钙、碳酸氢镁的硬水，可经过煮沸、沉淀进行软化后用来泡茶。

水的酸碱度对泡茶的影响

水的酸碱度（pH）对茶汤的色泽、滋味有较大影响。当pH小于7时，水呈酸性；pH大于7时，水呈碱性；pH等于7时，水呈中性。用中性水或偏酸性水泡茶，茶汤颜色鲜亮；用碱性水泡茶，茶汤呈暗褐色。因此，建议使用中性水或偏酸性水泡茶。

自来水泡茶有讲究

自来水经过简单处理，也能泡出好喝的茶。用自来水泡茶，可以用无污染的容器先贮存一天，待氯气挥发后再煮沸泡茶，或者使用净水器、滤水壶等将水净化，使之成为较好的泡茶用水。

泡茶水温有讲究

一般情况下，水温与茶叶中有效成分在水中的溶解度呈正比。水温越高，溶解度越大，茶汤越浓；水温越低，溶解度越小，茶汤越淡。不同种类的茶要用不同温度的水来冲泡。有些茶必须用100℃的沸水冲泡，比如普洱茶和各种沱茶。一般泡茶前还要用沸水烫热茶具，冲泡后在壶外淋沸水。少数民族饮用砖茶，对水温要求更高，要将砖茶敲碎，放在锅中熬煮。近几年比较流行的老白茶也可以煮着喝，风味独特。高档绿茶一般用80℃左右的水冲泡，泡出的茶汤明亮嫩绿，滋味鲜爽。花茶、红茶和中低档绿茶宜用85～90℃的水冲泡。乌龙茶宜用95℃以上的水冲泡。

烧水时判断水温的方法

《茶经》中所描述的，是靠看气泡判断水的沸腾情况："其沸，如鱼目，微有声，为一沸；缘边如涌泉连珠，为二沸；腾波鼓浪，为三沸。"

现在烧水判断水沸腾有多种方法，有人听声音，有人用手轻触或靠近煮水器的外表来判断水温，有人看蒸汽冒出来判断水沸腾。另外，还可以使用自动控温的随手泡，或使用温度计测量水温。

泡茶水温过高或过低时

如果泡茶水温过高，茶叶会被烫熟，叶底变成菜黄色，失去观赏价值；而且茶中所含维生素等营养成分会遭到破坏，咖啡因、茶多酚等会过快浸出，使茶汤产生苦涩的味道。

如果泡茶水温过低，则会造成茶叶浮于水面，茶叶中的营养成分难以浸出，茶汤稀薄，味道寡淡。

茶水比有讲究

投茶量

茶叶的用量没有统一标准，通常根据茶叶种类、茶具大小以及饮用习惯来决定。如果使用150毫升左右的茶壶，一般来说，冲泡红茶或者绿茶，投茶量在3克左右；普洱茶投放5克左右；乌龙茶投放5～8克。此外，投茶量还与冲泡时间相关，茶叶放得少，冲泡时间要长；茶叶放得多，冲泡时间应稍短。

量取茶叶的方法

初学者可以用电子秤来准确测量茶叶克重，多次练习取茶、泡茶后，慢慢就可以掌握好投茶量了。

另外，根据每款茶的不同，可以用茶则来简单量取茶叶，逐渐把握取茶量。还可以根据茶壶大小进行估算，再配合电子秤量取茶叶。有了茶壶容量和茶叶克重比例的感觉后，就能比较准确地投茶了。

茶秤

冲泡时间有讲究

泡茶的次数多了，会慢慢培养出对冲泡时间的感觉，每款茶多长时间出汤，凭的是经验和个人喜好。

初学泡茶，可以参考每款茶的“冲泡时间公式”：绿茶和红茶，3克茶，150毫升水，第一泡40秒，之后每多一泡加20秒；乌龙茶一般用8克茶叶，先用沸水润一下茶，马上将水倒出，这样能使之后的第一泡茶更充分地浸出，同样第一泡40秒出汤，之后每多一泡加20秒。稍稍增加冲泡时间，是为了使前后茶汤浓度一致。

此外，泡茶水温和投茶量对冲泡时间有影响。一般水温高、用茶多，冲泡时间宜短；水温低、用茶少，冲泡时间宜长。

虽然冲泡时间的原则和习惯如此，但是在实际操作中应根据饮茶者的喜好进行调整。

冲泡次数有讲究

茶叶的冲泡次数与茶叶种类、冲泡方法等有关。

细嫩茶叶一般不耐冲泡，粗老茶叶较耐冲泡。如细嫩绿茶，杯泡时，冲水一两次就要换茶叶；黑茶、乌龙茶等原料粗老的茶叶，壶泡时可泡四五次甚至更多次；品质好的普洱茶有的能够冲泡十次以上；只有袋泡茶，一般只冲泡一次。

泡茶所需的器具分为两大类：主泡器具和辅助用具。以精美的茶具来衬托好水、佳茗的风韵，堪称生活中的艺术享受。鲁迅先生在《喝茶》里说过：“喝好茶，是要用盖碗的。于是用盖碗。果然，泡了之后，色清而味甘，微香而小苦，确是好茶叶。”可见，泡不同的茶应选择不同的茶具，这样才能真正体现茶的魅力。

泡茶备具有讲究

主泡器具有讲究

茶壶

在所有的泡茶器具中，茶壶可谓主角。泡茶用紫砂壶最常见，此外还有陶壶、瓷壶、玻璃壶，近来又有金、银茶壶，各种材质的茶壶样式繁多，令人目不暇接。

茶壶应根据所泡茶的特点选配。如紫砂壶比较适合冲泡乌龙茶和普洱茶，紫砂壶中的朱泥壶是冲泡乌龙茶的佳选；冲泡红茶、中档绿茶和花茶多选用瓷壶，不会夺去茶的香气；如在冲泡过程中需要欣赏茶汤颜色和茶叶上下飞舞的情景，或冲泡花草茶和高档绿茶等，玻璃壶是不二之选；如冲泡需要加热的茶，玻璃壶与酒精炉相得益彰。

无论使用什么材质的茶壶，泡茶完毕，都应用沸水冲洗干净，晾干，再盖盖儿收好。

紫砂壶

紫砂壶为什么深受喜爱

紫砂壶是中国特有的，集诗词、绘画、雕刻、手工制作于一体的陶土工艺品。紫砂壶造型简洁大方，色泽古朴典雅。紫砂壶使用的年代越久，壶身色泽越光润，泡出来的茶汤也越醇郁，甚至在空壶里注入沸水都会有一股清淡的茶香。由于宜兴地区紫砂泥料的特殊性，紫砂壶确实具备宜茶的特性。

茶壶

紫砂壶的特点

紫砂壶有五大特点：

①既不夺茶香又无熟汤气，故所泡茶汤香气极佳；

②能吸收茶香。使用一段时日后，空壶注入沸水也有茶香；

③便于洗涤。长时间不用的紫砂壶，再次使用时用沸水烫泡两三遍即可；

④适应性强。即使在寒冬腊月注入沸水，壶身也不会因温度急变而胀裂；

⑤紫砂壶本身具有艺术价值，兼具使用、鉴赏和收藏功能。

挑选紫砂壶有讲究

挑选一把好用的紫砂壶，要特别注意以下几点：

①出水要顺畅，断水要果断；

②重心要稳，端拿要顺手；

③口、盖儿设计合理，茶叶进出方便；

④大小需合己用。

紫砂壶养护有讲究

紫砂壶养护不是一件单独的工作，使用紫砂壶的过程也是养壶的过程，我们应该在泡茶的过程中养壶。养壶的过程漫长，养壶如养性，需要耐心。一把养好的紫砂壶，应光泽内敛，如同谦谦君子，端庄稳重，温文含蓄。

紫砂壶养护的讲究很多，可总结为以下几点：

①每次泡茶完毕，需彻底将壶洗净、晾干；

②切忌使壶接触油污；

③趁紫砂壶温度高时，用茶汁滋润壶身；

④适度擦刷壶身，表面有泥绘、雕刻等工艺的壶要特别小心；

⑤让壶有休息的时间；

⑥专壶专用，一把壶泡一类茶甚至是一种茶。

持拿紫砂壶有讲究

如单手持壶，则中指勾进壶把，拇指捏住壶把（中指也可和拇指一起捏住壶把），无名指顶住壶把底部，食指轻搭在壶钮上，记住不要按住气孔，否则水无法流出。

如是大壶，需要双手操作，一般右手将壶提起，左手食指扶在壶钮上。

持壶

清洁紫砂壶有讲究

喝茶最讲洁净，因为茶渍不好清洗，所以要养成喝完茶及时清洗茶具的习惯，千万不要让用过的紫砂壶不洗就过夜。每天泡完茶后，只需用沸水把紫砂壶彻底冲洗干净、晾干就可以了。

如果紫砂壶长时间用过不洗，壶内留有茶渍，也不必紧张，用小苏打就可以清洗干净。清洗时，先用清水浸湿茶壶，然后用小苏打清洁，最后用清水冲净茶壶。

茶杯

茶杯是盛茶用具，用于品尝茶汤。茶杯的材质多样，有瓷茶杯、紫砂茶杯、玻璃茶杯等。

茶杯分为大小两种：小杯也叫品茗杯，用于乌龙茶的品饮，常与闻香杯搭配使用；大杯可直接用于泡茶和饮茶。

闻香杯和品茗杯

闻香杯和品茗杯是冲泡乌龙茶时使用的茶具。闻香杯细高，能聚拢和保留香气，用来闻茶汤香气；品茗杯用来品尝茶汤滋味。一般两种杯材质相同，多为瓷质或紫砂材质，两杯组合使用。

使用时先将茶汤倒入闻香杯，再左手握杯旋转将茶汤倒入品茗杯，然后马上靠近闻香杯闻香，之后品饮品茗杯里的茶汤。

杯托

杯托放在茶杯下边，用于放置茶杯。茶席上茶杯和杯托组合使用，有杯必有托。杯托既可以增强泡茶、饮茶的仪式感和美感，又可以防止烫手，还可以避免茶杯直接接触桌面，从而对桌面起到保护、保持清洁的作用，有的杯托还能增加茶杯的稳定性。杯托的材质和形状多样，富有美感。

有杯必有托

盖碗

盖碗又称盖杯，由杯盖、杯身、杯托三部分组成。如果初学泡茶，或者不喜欢过于细碎繁琐的程序，可以使用盖碗泡茶。一个人喝茶，直接用盖碗冲泡，闻香、观色、尝味都很方便；与朋友一起喝茶，可以用盖碗泡茶，再把茶汤倒入公道杯，与朋友分饮。

盖碗的材质以瓷质为主，瓷盖碗以江西景德镇出产的最为著名。此外也有紫砂盖碗和玻璃盖碗。

盖碗有大、中、小之分，挑选盖碗时，除考虑材质、花色外，还应根据使用者手的大小选择合适的型号。男士一般选择大的，持拿起来比较方便；女士则尽量选择小的，拿起来比较顺手。

另外，挑选盖碗时，还要注意盖碗杯口的外翻程度，杯口外翻越大越不容易烫手，越容易拿取。

盖碗使用有讲究

使用盖碗斟倒茶汤时，先将杯盖稍斜放，杯盖和杯身之间留有缝隙，然后用食指扶住杯盖的中间，拇指和中指扣住杯身左右的边缘，再提起盖碗，倾倒茶汤。倒茶时应使出水口与地面垂直，如果出水口偏向身体一侧则容易烫到拇指。

另外，用盖碗泡茶时要注意，水不宜过满，以七成为宜，过满也很容易烫手。

不同性别盖碗使用有讲究

用盖碗饮茶，男士和女士的动作与气度略有不同。

女士饮茶讲究轻柔静美，左手端杯托提盖碗于胸前，右手缓缓揭盖闻香，随后观赏汤色，用杯盖轻轻拨去茶末细品香茗；男士饮茶讲究气度豪放，潇洒自如，左手持杯托，右手揭盖闻香，观赏汤色，用杯盖拨去茶末，提杯品茗。

女子用盖碗

■ 公道杯

公道杯又叫茶盅，用来盛泡好的茶汤，能起到均匀茶汤的作用。无论泡什么茶，公道杯几乎都是必不可少的。公道杯最常见的材质是紫砂、陶瓷和玻璃，大部分有柄，也有无柄的，还有少数带滤网。

如果选择紫砂质地的公道杯，应尽量选择里面上白色釉的，这样可以更清晰地观赏茶汤的颜色。瓷质的公道杯样式比较多，选择的余地也比较大。现在，很多人越来越喜欢使用玻璃的公道杯，主要是因为能够清楚地看到茶汤的颜色。选择什么质地的公道杯主要是根据个人喜好，并与壶、杯等茶具相配。

选购公道杯时要注意看它断水是否利落，倒水时是否能够随停随断。

■ 滤网

滤网放在公道杯上与公道杯配套使用，主要用途是过滤茶渣。

和其他茶具一样，滤网使用后要及时清理，可用细的小毛刷将网子上的茶垢清理干净，以便茶汤过滤得更顺畅。

是否使用滤网，应视茶的种类、品质和个人泡茶习惯而定，通常品质较好的茶叶碎茶屑较少，可以不用滤网。

公道杯和滤网

茶船

茶船

茶船如船一样，承托着茶壶、茶杯、滤网等茶具，用于存放和导出废水。茶船的材质非常多，有木质的，如黄花梨木、鸡翅木、檀木和竹木等；有各种石头材质的，如砚石、乌金石和玉石等；还有陶瓷的。茶船的形状、装饰各异，选择余地很大。

茶船选购有讲究

茶船有两三人用的，也有四五人或六人以上用的，因此购买时应考虑放置茶船空间的大小以及使用人数的多少。另外，选购茶船时还要考虑茶船的使用寿命和茶船材质的特殊性，比如木质茶船可能开裂的问题、石质茶船质地坚硬的情况等。

茶船使用有讲究

茶船有两种：一种是双层茶船，上面是一个托盘，下面是一个茶盘，上面的托盘可以取下，废水通过茶船上层的孔道流到下面的茶盘里，等茶盘里的水满了就倒掉；另外一种是下面没有茶盘的单层茶船，需要接一根软管，管的一端连通茶船，另一端要放一个贮水桶，茶船里的废水经过凹槽汇到出口处，再经软管流入贮水桶。

使用双层茶船时，要随时注意废水的排出量，如果饮茶的人多，用的茶船较小，应多次倾倒废水，以免废水溢出。使用单层茶船时，需随时注意茶船的出水孔是否通畅，应随时清出茶渣，出水不畅时要调整软管，并注意清理废水桶。无论使用哪种茶船，每次使用完毕，除了要清洗茶具，还要除净废水、洗净茶船。如长时间不清洗，茶船会发霉，木质茶船还可能开裂。

水方

水方又叫水盂，用来盛放废水及茶渣。水方应与其他茶具相搭配，如果喝茶的人少，泡茶时使用水方比较方便。水方使用完毕要及时清理。

水方

壶承

壶承在泡茶时用来放置茶壶，承接温壶和泡茶的废水，通常与水方搭配使用。壶承功能类似于茶船，但是比茶船体积小。一般泡茶场地较小时，用壶承泡茶更加轻便灵活。壶承多为盘状，质地有紫砂、瓷、金属等，有单层和双层两种。无论哪种材质的壶承，使用时都最好在底部垫一个壶垫，以免摩擦或磕碰。

壶承

辅助用具有讲究

■ 茶道六君子

茶道六君子是泡茶必不可少的辅助用具，包括茶则、茶匙、茶夹、茶漏、茶针和茶筒，多为竹木质地。

茶道六君子用途如下：茶则用来盛取茶叶；茶匙协助茶则将茶叶拨至泡茶器中；茶夹用来代替手清洗茶杯，并将茶渣从泡茶器皿中取出；茶漏可扩大壶口的面积，防止茶汤外溢；茶针用来疏通壶嘴；茶筒用来收纳茶则、茶匙、茶夹、茶漏和茶针。

使用茶道具时要注意保持干爽、洁净，手拿用具时不要碰到用具接触茶叶的部分。摆放时也要注意，不要妨碍泡茶。

茶道六君子

茶巾

茶巾在整个泡茶过程中用来擦拭茶具上的水渍、茶渍，以保持泡茶区域的干净、整洁。茶巾一般为棉麻质地，应具有吸水性好、颜色素雅、能与茶具相配的特点。

茶巾使用完毕要清洗、晾干。当茶具不用时，还可将茶巾盖在上面，以免灰尘落在茶具上。

茶荷

茶荷用来观赏干茶，材质有瓷、紫砂、玉石等。选择茶荷时，除了注意外观以外，还要注意无论哪种质地的茶荷，内侧都最好是白色，方便观赏干茶的颜色和形状。

茶荷

茶仓

茶仓即茶叶罐，用来盛装、储存茶叶。常见的茶仓有瓷、紫砂、陶、铁、锡、纸以及搪瓷等材质。

因为茶叶有易吸味、怕潮、怕光和易变味的特点，故挑选茶仓时首先要看它的密封性，其次是注意有无异味、是否不透光。各种材质的茶仓中，锡罐的密封性和防异味的效果最好；铁罐的密封性不错，但隔热效果较差；陶罐的透气性好；瓷罐的密封性稍差，但外形美观；纸罐具有一定的透气性和防潮性，适合短期存放茶叶。

选择茶仓时，还应考虑茶叶的特点。如普洱茶适合用陶罐存放；安溪铁观音、武夷岩茶适合用瓷罐或锡罐存放；红茶适合用紫砂罐或瓷罐存放。不同的茶叶最好用不同的茶叶罐来盛装，并注明茶叶的名称及购买日期，方便日后品饮。

■ 茶刀

茶刀又叫普洱刀，是用来撬取紧压茶的专用工具，有牛角、不锈钢等材质。茶刀有刀状的和针状的，针状的适用于压得比较紧的茶叶，刀状的适合普通的紧压茶。

撬取茶饼时，先将茶刀插进茶饼中，慢慢向上撬起，再用手按住茶叶轻轻放在茶荷里。针状的茶刀比较锋利，撬取茶叶时要避免弄伤手。

■ 茶趣

茶趣也叫茶宠，用来装饰、美化茶桌，一般为紫砂质地，有瓜果梨桃、各种小动物和人物造型，生动可爱，给泡茶、品茶带来无限乐趣。因为是紫砂质地，所以平时也要像保养紫砂壶一样保养茶趣，要经常用茶汁浇淋表面，慢慢也会养出茶趣的灵气。

■ 废水桶

废水桶用来贮存泡茶过程中的废水，通过一根塑料软管与茶船相连，有不锈钢、塑料等材质。每次泡茶后要及时进行清理，以保持废水桶的干净、整洁。

■ 煮水壶

煮水壶有不锈钢、铁、陶和耐高温的玻璃材质。热源有酒精、电热和炭热等，其中电热的煮水壶使用比较普遍。

泡茶是否得法，对茶汤的风味影响极大。要喝上一杯茶香浓郁的热茶，掌握泡茶技法是关键。

泡茶技法有讲究

典型技法

上投法

上投法是先放水再投茶的投茶法。以冲泡绿茶为例，先将沸水注入玻璃杯，等水温降低到80℃左右，将3克绿茶投入杯中，约1分钟后，茶汤可品饮。中国十大名茶中的碧螺春宜用上投法冲泡，因为碧螺春芽叶细嫩，满披茸毛，所以泡茶水温不能高，也不能用水直接砸茶叶。

上投法对茶叶的要求比较高，适用于冲泡原料细嫩的茶叶，太松散的茶叶不适合用上投法冲泡。

中投法

中投法是先放水，再投茶，之后再次冲水的投茶法。以冲泡绿茶为例，先将沸水注入玻璃杯1/3左右，再将茶叶投入，轻轻摇动玻璃

上投法

中投法

下投法

杯，闻茶叶香气，约20秒后，再注入温水，约30秒后便可品饮。

中投法适用于中高档茶叶的冲泡。

下投法

下投法是先投茶再冲水的投茶法。以冲泡绿茶为例，先将3克茶叶置于玻璃杯中，再沿着杯壁注入冷却到80℃左右的热水，嗅闻茶香，静静等待20秒后，加水至玻璃杯的2/3，稍等片刻即可品饮。下投法投茶后也可一次完成冲水。

下投法主要适用于冲泡茶条扁平、轻、不易下沉的茶叶，比如西湖龙井、白茶龙井等。

高冲

高冲也叫悬壶高冲。在盖碗中放好茶叶之后，一般是用左手将随手泡提高注水，使热水冲击茶叶，以利于茶汁的浸出，泡出茶的好滋味，也可使水温稍稍降低。

高冲

浸润泡

浸润泡是指杯泡时先放好茶叶，再向杯中注入少量热水，浸润芽叶，让芽叶舒展，片刻后再冲水至杯的七八分满。杯泡名优细嫩绿茶时多采用浸润泡分段冲泡法。

凤凰三点头

冲水时，有节奏地连续三次上下拉动手臂，使水流不间断，水不外溢，冲水量恰到好处，即“凤凰三点头”。随着水的注入，茶叶上下回旋，茶汤浓度迅速达到一致。这种做法同时也是向品饮者致意，以示礼貌与尊重。

润茶

润茶也称醒茶，是泡茶的一个步骤，专业称为“温润泡”。润茶是指冲泡时先放好茶叶，再向壶（杯）中注入少量热水并迅速倒掉，之后再继续冲泡。润茶适用于某些外形比较紧结的茶叶，如乌龙茶、普洱茶等。润茶可以提高茶具的温度，利于茶香的发挥。

但绿茶、红茶等茶叶，原料细嫩或外形细碎，制作时揉捻充分，茶中的营养物质极易浸出，就不需要润茶了。

值得一提的是，有人称润茶为“洗茶”，认为这样做可以洗掉茶中的农药残留，这是缺乏科学依据的说法。

淋壶

淋壶是在正泡冲水后，再在壶的外壁回旋淋浇，以提高壶的温度，也称“内外攻击”。如果使用紫砂壶泡茶，在泡茶过程中，一般都会顺手冲淋一下壶身，一是为了冲掉壶身的茶渍，二是为了保持壶内的温度，以激发出茶的韵味，使茶汤更加温润细腻。

一茶一泡

我国地域辽阔，茶类众多，不同种类的茶泡法虽有相同之处，但也有一定的差异，应根据茶类选择相应的泡茶技法。

绿茶泡茶技法

绿茶在我国南方地区非常流行，是人们普遍喜欢的茶类。绿茶的泡法因茶品而异。

1. 玻璃杯泡法

玻璃杯泡法，比较适合冲泡细嫩名茶，便于观察茶在水中缓慢舒展、游动、变幻的过程，人们称之为“茶舞”。根据茶条的松紧程度，可采用不同的冲泡技法：

一是上投法，适合冲泡细嫩的名茶，如碧螺春、都匀毛尖、蒙顶甘露、庐山云雾、凌云白毫、涌溪火青、高桥银峰、苍山雪绿等。

二是中投法，适合冲泡茶条松展的名茶，如六安瓜片、黄山毛峰、太平猴魁、舒城兰花等。

三是下投法，适合冲泡比较粗老的绿茶。

2. 瓷杯泡法

瓷杯泡法，比较适合冲泡中高档绿茶，重在适口、品味。冲泡时可采用中投法或下投法，一般先观色、闻香后，再入杯冲泡。这种泡法用于客来敬茶和办公时间饮茶较为方便。

红茶泡茶技法

红茶的泡茶技法，因人、因事、因茶而异。

1. 根据茶具，可分为盖杯泡法和壶泡法

盖杯泡法，一般适用于冲泡各类工夫红茶、小种红茶、袋泡红茶和速溶红茶；各类红碎茶、红茶片和红茶末等，为使冲泡后的茶叶与茶汤分离，便于饮用，习惯采用壶泡法。

2. 根据茶汤中是否添加其他调味品，可分为清饮法和调饮法

我国绝大部分地区饮红茶习惯采用清饮法，即不在茶中添加其他的调料，使茶汤保持固有的香味。调饮法是在茶汤中加入调料，以佐汤味的一种方法，比较常见的是在红茶茶汤中加入糖、牛奶、柠檬片、咖啡、蜂蜜和香槟酒等。在我国西藏自治区、内蒙古自治区和新疆维吾尔自治区等地，调饮法非常普遍。

调饮红茶

3. 根据红茶的品种，可分为工夫泡法和快速泡法

工夫泡法，是中国传统工夫红茶的泡茶方法。品饮工夫红茶重在

领略茶的清香和醇味，先观其色，再品其味。

快速泡法，主要用于冲泡红碎茶、袋泡红茶、速溶红茶和红茶乳晶等。红碎茶一般冲泡一次，多则两次。袋泡红茶饮用更为方便，一袋一杯，既方便又卫生。

4. 根据茶汤浸出方法，可分为冲泡法和煮饮法

冲泡法：将茶叶放入茶杯或茶壶中，然后冲入沸水，静置几分钟后，待茶叶内含物溶入水中即可饮用。这种方法简便易行，被大众广泛使用。

煮饮法：红茶入壶后加入清水煮沸，然后冲入预先放好奶、糖的茶杯中，分给大家饮用。煮饮法多在餐前饭后饮茶时使用，特别是少数民族地区，喜欢用长嘴铜壶或咖啡壶煮茶。

乌龙茶泡茶技法

乌龙茶的采制工艺有许多独到之处，而泡茶方法更为讲究。

乌龙茶是半发酵茶，冲泡乌龙茶最好用紫砂壶或盖碗，且一定要用100℃的沸水进行冲泡。冲泡乌龙茶的投茶量比较大，基本上是所用壶或盖碗的一半或更多，泡后加盖儿。冲泡乌龙茶时边上要有煮水壶，水开了马上冲，第一泡要倒掉。乌龙茶可冲泡多次，冲泡的时间由短到长，以2～5分钟为宜。

我国福建、广东两省的人偏爱乌龙茶，尤其是闽南人、潮汕人，他们大多喜欢喝武夷岩茶、安溪铁观音等上品乌龙茶。冲泡乌龙茶时要选用干净的溪水、泉水，而且要使用配套的茶具，即“茶室四宝”——玉书煨（开水壶）、潮汕炉（火炉）、孟臣罐（茶壶）、若琛瓯（茶杯）。使用这些茶具冲泡的乌龙茶，茶汤浓润，回味悠长，满口生香。

黑茶泡茶技法

黑茶属于后发酵茶，使用的原料相对比较粗老，主要有泾阳茯砖茶、湖南黑茶、四川边茶、广西六堡茶及云南普洱茶等。

冲泡黑茶通常用盖碗或紫砂壶。由于紫砂壶的吸附性比较强，可吸附茶中的粗老气，所以用紫砂壶冲泡会更多一些。

黑茶分为紧压茶和散茶。紧压茶要用沸水冲泡，出汤时间为3～10秒，通常为单边定点注水。

边茶及茯砖可采用煮饮的方式，从而将茶的营养成分最大限度地煮出来。

黄茶泡茶技法

黄茶的冲泡方法比较讲究，建议使用透明玻璃杯或盖碗冲泡，蒙顶黄芽建议采用玻璃杯中投法进行冲泡。在冲泡的时候，要提高水壶，让水由高处向下冲，并将水壶上下反复提举三四次。

花茶泡茶技法

冲泡花茶，以能保持茶叶香气和显示茶坯特质美为原则。

冲泡茶坯特别细嫩的花茶，如茉莉毛峰、茉莉银毫等，宜用透明玻璃杯，可以透过玻璃杯壁观察茶在水中上下舞动、沉浮，以及茶叶徐徐展开、复原叶形、渗出茶汁的过程。

冲泡一般中档花茶，不强调观赏茶坯形态，可用白瓷盖碗。此类花茶香气芬芳，茶味醇厚，三泡仍有茶味，耐冲泡。

冲泡中低档花茶或花茶末，一般使用白瓷茶壶进行冲泡。因壶中水多，故保温效果比盖碗好，有利于充分泡出茶味。

泡茶常识

取茶方法有讲究

为了保持茶叶的洁净和干燥，用手直接从茶仓里拿抓茶叶的做法不可取。

从茶仓里取茶叶应使用茶则，右手持茶则，取出茶叶后将茶则转到左手，再用茶匙协助，将茶叶拨至泡茶器具中。如果用壶口较小的茶壶泡茶，为了防止茶叶外落，可以在茶壶上放置茶漏。

取茶

一般哪一泡茶汤的滋味更好

茶类不同，茶汤的表现也不相同。绿茶、黄茶、白茶以第一泡、第二泡茶汤滋味较好；乌龙茶、红茶、黑茶一般第一泡用来润茶，第二泡、第三泡茶汤滋味较佳。

泡茶的四大要素

想要泡好一壶茶，要掌握好投茶量、泡茶水温、冲泡时间和冲泡次数四大要素。

①投茶量：需根据人数的多少、茶具的大小、茶的特性以及个人喜好和年龄确定茶叶用量。

②泡茶水温：与茶的老嫩、松紧和大小有关。大致来说，原料粗老、紧实、整叶的茶叶比原料细嫩、松散、碎叶的茶叶茶汁浸出要慢，所以冲泡水温要高。

③冲泡时间：与茶叶的老嫩和形态有关。细嫩的茶叶比粗老的茶叶冲泡时间要短；松散的、碎叶的茶叶比紧结的茶叶冲泡时间要短。根据每种茶叶的茶性以及个人喜好，泡茶时间有所不同，泡茶次数多了就会有经验，多长时间出汤会有感觉。

④冲泡次数：与茶的种类和制作工艺有关。

冲泡绿茶的要点

投茶量：150毫升水，3克茶。

泡茶水温：80～85℃。

冲泡时间：第一泡约为40秒，每多一泡延长20秒。

冲泡次数：3次。

茶具：玻璃杯、玻璃壶。

方法：上投法、中投法和下投法。

白茶、黄茶的冲泡方法与绿茶类似。

冲泡红茶的要点

投茶量：150毫升水，3克茶。

泡茶水温：90℃左右。

冲泡时间：第一泡约为40秒，每多一泡延长20秒。

冲泡次数：品质好的红茶可冲泡四五次甚至七八次。

茶具：玻璃杯、茶壶、盖碗。

方法：下投法。

冲泡黑茶的注意事项

黑茶多为紧压茶，冲泡前应解散成小片。冲泡黑茶时最好先用100℃的沸水润茶，必要时可润茶两次。冲泡黑茶最好选用紫砂壶或者陶壶，普洱生茶可以冲泡8～10泡，普洱熟茶可以泡15泡左右，也可以煮饮。冲泡时间大致是先短后长，根据茶叶的年限和档次，冲泡时间也略有不同。每泡将茶汤倒出时，应尽量将茶汤控净。

冲泡花茶的注意事项

冲泡花茶一般选用玻璃杯或盖碗。花茶是一种再加工茶，水温应根据花茶茶坯来决定，冲泡茶坯为绿茶的茉莉花茶水温在85℃左右，冲泡茶坯为红茶的荔枝红茶水温在90℃左右。花茶不用润茶，冲泡三四次为宜。

泡茶时应注意的细节

泡茶看似容易，只要将茶叶置于壶内，注入热水，稍等片刻，将茶汤沥出，就完成了泡茶。然而，想泡出一壶好茶却并不容易。只有钻研茶的特质，静心观茶，才能泡好茶。泡茶过程中的诸多细节，均应静心体会。

①水是茶之母，择水是泡好茶的重要环节。各种矿泉水、纯净水、蒸馏水、自来水等需要对比，泡茶时选用最适合所泡之茶的水。

②煮水要掌握火候，水不宜久沸。

③依照茶的特点选配合适的茶具，不宜一种器具泡尽所有茶类。

④茶壶的选择非常重要。需细心挑选出水流畅、壶盖与壶身密合好的茶壶。

⑤保持壶具清洁是泡好茶的前提。向壶内冲水和向壶身浇水可起到洗涤、通透气孔的作用。

⑥新壶与久置不用的茶壶需要格外小心使用，新壶需用沸水浇淋或试泡几次；久置不用的茶壶再泡茶时需要清洗干净，避免串味而影响茶性。

⑦应根据饮茶人数的变化，及时增减茶杯。

⑧知茶性，识茶类，选用不同行茶法。

⑨在泡茶的过程中需要有环保意识，减少淋壶次数，节约饮用水，茶“最宜精行俭德之人”。

⑩泡完茶后要及时清洗茶具。常有人为了使茶汤充分浸润茶壶而长时间让茶汤在壶中存留，以致茶汤变味。

⑪滤网要勤冲洗，不混合使用。

⑫ 用盖碗泡茶，泡茶时盖碗溢出的水应该及时倒掉，出完茶汤应碗盖半开，以免闷茶。

⑬ 冷却后的茶具，使用前应先温烫。

⑭ 冲泡出来的茶汤上泛起的泡沫应刮去。

刮沫

⑮ 如果冲泡出来的茶汤太浓，可以再泡一道淡的，倒入公道杯中，使浓淡相调和。

以上是泡茶时应注意的部分细节，在泡茶过程中多多思考总结，你会发现泡茶乐趣无穷。

茶在中国有着悠久的历史，中国不仅是最早发现茶树、人工种植茶树的国家，也是最早以茶为食为饮的国家。中国成品茶有上千种，茶叶品种之多为其他国家所不及。按照传统的分类方法，茶分为基本茶类和再加工茶类。基本茶类包括绿茶、红茶、黑茶、乌龙茶、白茶和黄茶。再加工茶类中最常见的是花茶。

泡茶礼仪有讲究

行为要恭敬

茶桌座次有讲究

泡茶者一般面对主人，主人的左手边是尊位，按顺时针方向旋转，由尊到卑，直到主人的右手边。不论茶桌的形式如何，都要遵循这个规律。尊位的客人一般是老年人和比自己年纪大的人。此外，师者为尊。如果年龄相差不大，女士优先。

敬茶礼仪有讲究

以茶待客时，由家中的晚辈为客人敬茶。接待重要客人的时候，应由主人为客人敬茶。敬茶时，应双手端着茶盘，将茶盘放在靠近客人的茶几或备用桌上，然后双手捧上茶杯。如果客人在说话没有注意到，可轻声说："请您用茶。"对方向自己道谢，要回答："不客气。"如果自己打扰到客人，应说："对不起。"为客人敬茶时，一定要注意尽量不用一只手，尤其是不要只用左手。同时，双手奉茶时，切勿将手指搭在茶杯杯口上，或是将手指浸入茶汤。

敬茶顺序有讲究

客人较多时，敬茶的顺序应是：先客人，后主人；先主宾，后次宾；先长辈，后晚辈；先女士，后男士。

如果客人很多且客人彼此之间差别不大，可按照以下三种顺序敬茶：

①以敬茶者为起点，由近而远依次敬茶；

②以进入饮茶房间的门为起点，按顺时针方向依次敬茶；

③按客人到来的先后顺序敬茶。

“敬茶七分满”的讲究

“敬茶七分满”表示对客人尊重。因为茶汤的温度往往很高，比如冲泡乌龙茶需要用95℃以上的沸水，普洱茶或者老白茶有时还需要煮茶，如果倒茶过满，客人拿杯品饮的时候容易洒，也容易被烫，所以茶应倒七分满。此外还有一层寓意：这一小杯茶汤就像我们的人生一样，不要填得太满，要留三分空白以作回味。

敬茶

壶嘴朝向有讲究

泡茶的茶壶壶嘴不能正对着人。首先，泡茶的水温很高，壶嘴会冒出蒸汽，容易烫人。其次，壶嘴谐音为“虎嘴”，壶嘴冲人在古代被认为是忌讳。

端茶礼仪有讲究

一般情况下应双手端茶盘和茶杯。端茶盘时，应左手托着茶盘底部，右手扶着茶盘的边缘。持拿有杯耳的茶杯，通常是用一只手抓住杯耳，另一只手托住杯底，把茶端给客人。端茶的时候，手指不能碰到茶汤。

上茶时应以右手端茶，从客人的右方奉上，并面带微笑，眼睛注视对方。如场地有限制，可从客人左后侧敬茶，尽量不要从客人正前方上茶。

有两位以上的客人时，用茶盘端出的茶汤要均匀。如有茶点，应放在客人的右前方，茶杯应摆在点心右边。

如果茶杯下有杯垫，要双手把杯垫推到客人面前。

给茶杯里添水有讲究

给茶杯中添水要及时，杯中茶汤剩一半左右，即应该添水。如果是有盖儿的杯子，应站在客人右后侧，用左手持容器添水，右手持杯侧对客人，添完水再将茶杯摆放回原位。

在为客人添水斟茶时，不要妨碍到对方，茶杯应远离客人的身体、座位和桌子。

仪表与举止要得体

茶艺人员仪容仪表有讲究

着装需得体：①颜色淡雅，与品茗环境、季节相匹配；②干净、整洁、无污渍；③以中式为主，袖口不宜过宽。

发型应整齐：①头发应梳洗干净；②发型适合自己的脸型、气质；③短发低头时不要挡住视线，长发泡茶时要束起。

着装得体，举止优雅

手型要优美：①手要保持清洁、干净；②平时注意手的保养，保持手的柔嫩、纤细；③手上不要佩戴饰物，不涂颜色鲜艳的指甲油；④经常修剪指甲，指甲缝里干净。

面容洁净姣好：①可化淡妆，但不宜过浓；②平时注意面部护理、保养；③泡茶时面部表情要平和、轻松。

茶艺人员举止有讲究

举止是指人的动作和表情，是一种无声的“语言”，能够反映一个人的素质、受教育的程度及能够被人信任的程度。茶艺人员必须要有优雅的举止，具体应为：

①举止大方、文静、得体；

②泡茶动作协调，有韵律感；

③泡茶的动作与客人的交谈相融合。

茶艺人员泡茶体态有讲究

泡茶时，茶艺人员应头正肩平，挺胸收腹，双腿并拢。双手不操作时，应五指并拢平放在工作台上，嘴微闭，自始至终面带微笑。

茶艺人员站姿有讲究

茶艺人员的正确站姿：直立站好，头正肩平，脚跟并拢，脚尖分开45°～60°，抬头挺胸，收腹，双手自然交叉，目光平视，面带微笑。

■ 茶艺人员走姿有讲究

茶艺人员的正确走姿：步履轻盈，姿态优美，步速不要过急，步幅不要过大，否则会给人忙乱之感；头正肩平，平视前方，面带微笑。

平视前方，面带微笑

选择适合所泡茶的水和茶具，取适量茶叶，把握好泡茶水温、冲泡时间和冲泡次数，用水冲泡茶叶，浸泡出茶叶的香气和滋味，这个过程就是泡茶。泡茶看似简单，但也有很多讲究。泡茶时，要从饮茶者、茶具、季节和茶类出发，随机应变，这样才能真正泡出一壶好茶。

随机应变

泡好茶

看人泡茶

泡茶，既要熟知茶性，又要尊重人性。茶虽然有益健康，但也要看人泡茶。每个喝茶人的喝茶目的不同，偏爱的口味浓淡不同，喝茶的量也不同，看人泡茶是一种对人细致入微的关怀。

根据年龄段泡茶

人在不同的年龄段，承受能力是不一样的，不论是对茶中营养成分的吸收，还是对茶的反应，都存在差异，所以什么年龄段喝什么茶也是有讲究的。根据年龄，选一款适合的茶显得尤为重要。

少年时期：这一时期，身体正在发育，对日常的饮食会比较敏感，各个器官的吸收、承受能力较弱。此阶段不宜喝太过刺激的茶类，宜泡一些温补的茶。一些存放多年的茶，茶性温和，内含物质丰富，对人体有滋补的功效。如老白茶，可以增强身体抵抗力，对身体健康有很多好处。少年时期喝茶宜选清淡茶品，减少投茶量，可以在上午和下午适当地喝，晚上要少喝。

青壮年时期：这一时期，人的身体健壮，精力旺盛，身体抵抗力强，不论学习还是工作都属于上升期，可选择绿茶、白茶、乌龙茶和黑茶。如果工作需长时间面对电脑，可以泡绿茶，既能降低电脑辐射的影响，又能提神；如果应酬较多，喝白茶是不错的选择，白茶可以醒酒、助消化、养护肝脏。

中年时期：这一时期，人的各项身体机能都在逐渐下降，易出现肠胃不适、肝肾等器官功能衰退的现象。此阶段适合喝普洱茶、六堡茶和寿眉等老茶，这些老茶有很好的排毒功效，有清除体内毒素的作用。

老年时期：这一时期，人的身体承受能力较差，身体会自动开始减少排毒，应加强对心脑血管以及骨骼的养护，最适合喝红茶和老白茶。此阶段饮茶宜淡，晚饭后可以适当喝些。

根据体质泡茶

茶经过不同的制作工艺，有凉性、中性和温性之分，一般绿茶、白茶、清香型铁观音等属于凉性茶，乌龙茶属于中性茶，红茶、普洱茶等属于温性茶。

中医认为人的体质有热寒之分，体质不同的人饮茶也有讲究。一般燥热体质者，应喝凉性茶；虚寒体质者，应喝温性茶。具体来说，有抽烟喝酒习惯、体形较胖、容易上火的人，应喝凉性茶；而肠胃虚寒、吃生冷食物容易拉肚子、体质较弱的人，应喝中性茶或温性茶。

根据身体状况泡茶

看人泡茶时，应考虑饮茶者的身体健康状况，根据他们的身体条件来决定泡哪种茶。

冠心病患者：心动过缓或窦房传导阻滞的冠心病患者，可适当饮茶，宜泡普洱茶、乌龙茶和红茶等偏浓的茶类，可起到提高心率的作用；心动过速的冠心病患者，宜少饮或不饮茶，少饮宜选择淡茶或脱咖啡因的茶。

脾胃虚寒者：宜饮性温暖胃的红茶或普洱茶。有严重胃病或胃溃疡者，不宜饮性寒的绿茶。

肥胖症患者：饮各种茶都有一定的减肥功效，但不同茶类效果有区别，降脂减肥效果较好的茶是乌龙茶、沱茶、普洱茶等。

处于特殊“三期”（经期、孕期、产期）者：不宜饮茶或少饮茶，少饮宜选择脱咖啡因的茶。

看具泡茶

茶具造型各异，精美别致，是品茶时不可或缺的一部分。根据茶类选择茶具，可以更好地衬托茶的色泽、形态等，不仅可以带给人视觉上的享受，还能让品茶变得更有情趣。

透明玻璃杯

透明无花纹的玻璃杯适合泡绿茶。这种茶具简洁透明，可以更好地观赏芽叶在水中舒展的过程以及茶的形态和色泽。

透明玻璃杯

青瓷茶具

青瓷茶具适合泡红茶。红色与青色搭配产生的视觉冲击力很强，且瓷器导热性、保温性适中，无吸水性，泡茶可获得较好的色、香、味。

紫砂茶具

紫砂茶具适合泡乌龙茶，能够衬茶色，聚茶香。紫砂壶有较好的保温性能，可让茶的香气不易散失。

黑瓷茶具

内壁施黑釉的黑瓷茶具适合泡白茶，可以衬托出茶的白毫。

白瓷盖碗

白瓷盖碗适合泡黑茶，可调节茶的香气和滋味。紫砂杯、白瓷杯、如意杯和飘逸杯等也适合泡黑茶。

白瓷盖碗

黄釉盖碗

黄釉盖碗适合泡黄茶，两者搭配是尊贵、奢华的象征。如果想简约一些，可用奶白瓷或以黄、橙为主色的五彩瓷壶、瓷杯、盖碗等泡黄茶。

青花盖碗

青花盖碗最适合泡花茶，可使香气聚拢，很好地体现出花茶的品质。除了青花盖碗，粉彩盖碗也适合泡花茶。

看季泡茶

人们习惯根据茶叶的特性，按季节选择不同种类的茶，以益于健康。一般情况下，春季适合饮花茶、黄茶，夏季适合饮绿茶、白茶，秋季适合饮乌龙茶，冬季适合饮红茶、普洱茶。

春季适合饮用花茶

春天万物复苏，此时宜喝茉莉、珠兰、玉兰、桂花、玫瑰等花茶。因为这类茶香气浓烈，香而不浮，爽而不浊，可帮助散发冬天积在体内的寒气，同时浓郁的茶香还能促进人体阳气生发，令人精神振奋，从而有效地消除春困，提高工作效率。

夏季适合饮用绿茶

夏天骄阳似火，溽暑蒸人，人体津液消耗大，此时宜饮西湖龙井、黄山毛峰、碧螺春、珠茶、珍眉、大方等绿茶。这类茶绿叶绿汤，清鲜爽口，可消暑解热，去火降燥，止渴生津，且绿茶滋味甘香，富含维生素、氨基酸、矿物质等营养成分。所以，夏季常饮绿茶，既可消暑解热，又能补充营养素。

茉莉花茶

秋季适合饮用乌龙茶

秋天“燥气当令”，常使人口干舌燥，此时宜饮安溪铁观音、闽北水仙、铁罗汉、大红袍等乌龙茶。这类茶介于红茶和绿茶之间，不热不寒，常饮能生津润喉，清除体内余热，因此对金秋保健大有好处。

冬季适合饮用红茶

冬季最适合饮用红茶，因为红茶味甘性温，能够生热暖腹，增强人体对寒冷的抗御能力。同时，饮用红茶还可去油腻，助消化，助养生。

祁门红茶

看茶泡茶

泡茶前需要先了解茶。有些茶本身味足有力，不宜泡太久；有些茶却需要多泡一会儿才能出真味。除了茶叶本身的内质原因，投茶量、茶具和冲泡技法也有很大关系。

泡绿茶

冲泡绿茶的注意事项

1. 泡茶水温

冲泡绿茶对水温的要求相对较高，尤其是细嫩的高档绿茶，水温一般控制在75～85℃。水温过低，绿茶的香气、滋味达不到最佳效果；水温过高，则容易造成茶汤苦涩，营养成分大量流失。

2. 茶水比

一般情况下，杯泡时茶与水的比例是1：50，也可以根据茶叶的品质、品饮者的口味等，适当增减投茶量。平时冲泡绿茶时，茶汤不宜太浓，每杯茶放3克左右的茶叶即可。如果泡出的茶汤太浓，会对人体胃液的分泌产生影响，也有可能让高血压和心脏病患者的病情加重。

3. 绿茶只适合冲泡三次

据测定，绿茶第一次冲泡时，可溶性物质浸出50%～60%，其中氨基酸浸出80%，咖啡因浸出70%，茶多酚浸出45%，可溶性糖浸出低于40%；第二次冲泡时，可溶性物质浸出30%左右；第三次冲泡时，可溶性物质浸出10%左右；第四次冲泡时，浸出物所剩无几。

4. 绿茶不润茶

不是所有茶冲泡前都适合润茶，比如绿茶。绿茶的制作工艺简单，芽叶都比较细嫩，即使润茶时快速倒掉水，茶中的营养物质也会因浸出于被倒掉的水中而流失，这是极大的浪费。

绿茶盖碗冲泡法

茶具：盖碗、水方、公道杯、茶杯、茶仓（内装茶叶，下同）、茶荷、茶匙、茶巾、随手泡

水温：75℃

投茶方法：下投法

步骤：

①按泡茶步骤合理地将茶具摆放好。

2 温热盖碗

3 置茶

4 冲水泡茶

6 揭盖闻香

②用热水将盖碗温热。

③根据盖碗的大小，按照茶水比1∶50～1∶30的比例置茶。

④冲入沸水，浸泡1分钟。

⑤将盖碗中的茶汤倒入公道杯。

⑥揭盖闻香。

⑦分茶入茶杯饮用。

绿茶玻璃杯冲泡法

茶具：玻璃杯、水方、茶荷、茶匙、茶仓、茶巾、随手泡

水温：75～80℃

投茶方法：下投法

步骤：

2 温杯

3 置茶

4 浸润茶叶

5 冲水

①摆放茶具。

②温杯。倒入1/3杯沸水，转动玻璃杯温烫后倒掉水。

③置茶。用茶匙将茶荷中的茶拨入玻璃杯中。

④倒入1/3杯沸水，浸润茶叶。

⑤稍停，高冲水至七分满。

⑥奉茶。

绿茶简易冲泡法

茶具：飘逸杯、茶杯、茶仓、随手泡、茶匙、茶巾

水温：80℃左右

步骤：

①用热水将飘逸杯温热。

②将茶叶置于内杯。

③冲入热水并盖上杯盖。

④将茶叶浸泡2分钟后按下出水按钮，使茶汤流入外杯。

⑤将茶汤倒入茶杯，分给大家品饮。

泡红茶

冲泡红茶的注意事项

1. 茶水比

用壶冲泡红茶时，最少的投茶量应为5克。如果茶叶太少，即使少冲水也无法充分激发出红茶的香醇味。

茶与水的比例，也要因人而异。如果饮茶者比较重口，可以适当加大投茶量，泡上一壶浓茶；如果是平常喝茶较少的人，可适当少放些茶叶，泡上一壶清香醇和的茶。

2. 泡茶水温

为了口感更好，红茶一般使用80～85℃的热水来冲泡。冲泡茶叶的水一定要先煮沸，然后等水冷却到所需要的温度。冲水后要马上加盖，以保持红茶的芬芳。泡茶水温与茶叶的品质也有一定的关系，如果红茶品质比较好，那么水温高也不会影响茶叶冲泡后的口感及耐泡度。

3. 闷泡时间

大多数红茶不用闷泡。因为大多数红茶的发酵时间长，茶汤很快就能出味，一闷反而涩。好的红茶在十泡之后，闷泡1分钟，还能喝到红茶的韵味。

4. 冲泡次数

红茶第一次冲泡时，茶中的可溶性物质能浸出50%～55%；第二次冲泡时，能浸出30%左右；第三次冲泡时，能浸出约10%；第四次冲泡时，浸出物已经很少。所以一般条形的工夫红茶，最好只冲泡两三次。红碎茶由于在加工时经过充分揉捻，只冲泡一次，就能使营养物质充分浸泡出来。

5. 出汤时间

红茶一般要求快出汤，出汤时间为1～5秒。如果想口感强烈一点，可浸泡时间长一点。

红茶瓷壶冲泡法

茶具：瓷壶、公道杯、茶杯、水方、随手泡、茶匙、茶巾、茶仓

水温：90℃

步骤：

①温具。将沸水注入壶中，轻摇数下，再依次将水倒入公道杯、茶杯中，以清洁、温烫茶具。

②置茶。根据壶的大小，按每60毫升水1克干茶（红碎茶每70～80毫升水1克茶）的比例，将茶叶放入茶壶。

③冲泡。将沸水冲入壶中。

④分茶。静置2分钟后，将茶汤倒入公道杯，再从公道杯倒入茶杯中。

⑤品茶。欣赏完茶汤鲜红明亮的颜色后，品尝茶汤。

1 温具

2 置茶

3 冲泡

4 分茶

袋泡红茶简易冲泡法

茶具：白色有柄瓷杯、茶碟、随手泡、茶巾、水方

茶包：1个

水温：90℃

步骤：

①温杯。将沸水冲入杯中，清洁茶具并温杯。

②置茶。在杯中放入1包袋泡红茶。

③冲水。高冲水入茶杯，然后将茶碟盖在茶杯上，浸泡1分钟后，将茶包在茶汤中来回晃动数次。

④品茶。将茶包提出，品尝茶汤。

奶茶冲泡方法

冲泡奶茶应选用味道浓郁强劲的红茶，如印度的阿萨姆红茶、斯里兰卡的锡兰红茶、非洲的肯尼亚红茶、英国的伯爵茶等。

茶具：有柄带托的茶杯、茶仓、滤网、随手泡、汤匙

材料：CTC红茶、牛奶、糖或蜂蜜

水温：90℃

步骤：

①温杯。将沸水注入壶中，持壶摇数下，再将水倒入杯中，以清洁茶具。

②置茶。用茶匙从茶仓中拨取适量茶叶入壶，根据壶的大小，每60毫升水需要1克干茶。

③冲泡。将沸水高冲入壶。

④分茶。静置3～5分钟后，提起茶壶，轻轻摇晃，使茶汤浓度均匀。经滤网倾茶入杯，随即加入牛奶和糖。调味品用量的多少，可依每位宾客的口味而定。

⑤品饮。品饮时，需用汤匙调匀茶汤，进而闻香、品茶。

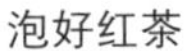

泡好红茶

加入牛奶

奶茶的另外一种制作方法是熬煮法。准备一个熬煮奶茶的锅，放入3/4的牛奶、1/4的水（可根据每人的口味变化），再按锅的容量放入红茶包一起熬煮，大概20分钟左右，香气扑鼻的奶茶就做好了，之后再根据个人的口味添加糖、蜂蜜、炼乳等。

柠檬红茶冲泡法

茶具：有柄带托的瓷杯、随手泡、汤匙

材料：红茶包1个、柠檬1片、蜂蜜适量

水温：90℃

步骤：

①温杯。将沸水注入杯中，清洁、温烫茶具。

②置茶。将红茶包放入茶杯。

③冲泡。将热水冲入茶杯至七分满。

④分茶。静置3～5分钟，轻晃茶包后将茶包提出，加入柠檬和适量蜂蜜。

⑤品饮。用汤匙调匀茶汤后品尝。

泡乌龙茶

冲泡乌龙茶的注意事项

1. 投茶量

如果是100毫升的盖碗，投茶量为两三克。这样不仅可以品尝到茶叶的原味，还能让营养物质充分浸泡出来。

2. 泡茶水温

冲泡乌龙茶时，通常情况下最佳的水温以初开全沸水为宜。

3. 冲泡时间

冲泡乌龙茶，时间不宜太长，最好控制在两三分钟。如果泡的时间过长，茶汤口感会十分苦涩，甚至可能将茶中不好的物质，如农药残留浸泡出来；如果泡的时间过短，茶汤会显得淡薄。

4. 二次斟茶

通常情况下，泡乌龙茶需二次斟茶。在第二次斟茶的时候同样要用沸水烫杯。

乌龙茶紫砂壶冲泡法

茶具：茶船、紫砂壶、公道杯、闻香杯、滤网、品茗杯、茶巾、茶匙、茶仓、随手泡

泡茶水温：90～100℃

步骤：

①温具。将沸水倒入茶壶，再倒入公道杯，之后倒出。

②置茶。用茶匙将茶拨入茶壶。

③润茶。将沸水注入壶中，再将壶中的润茶水倒入公道杯。

④冲泡。用热水冲泡茶叶，为正泡第一泡。

⑤分茶。将泡好的茶先倒入公道杯，再倒入闻香杯，之后倒入品茗杯。

⑥品饮。先闻杯中香气，再品饮，一杯茶分三口喝，细细体味茶的美。

1 温具　2 置茶　3 润茶　4 冲泡　5 分茶　6 品饮

乌龙茶盖碗冲泡法

茶具：茶船、盖碗、公道杯、滤网、品茗杯、茶巾、茶匙、茶夹、随手泡、茶仓

水温：95～100℃

步骤：

①温具。将盖碗温热，温盖碗的水再温品茗杯。

②置茶。将备好的茶放入盖碗，投茶量为盖碗容量的1/3。

③润茶。将沸水冲入盖碗，然后立即将水倒入公道杯。

④冲泡。以高冲的方式将水注入盖碗，之后盖上盖子。

⑤分茶。经滤网将浓淡适度的茶汤倒入公道杯，再倒入品茗杯。

⑥品饮。细细体味茶汤的香醇。

泡黑茶

冲泡黑茶的注意事项

1. 茶具选用

冲泡黑茶，茶具并不太讲究，一般的紫砂壶或紫砂杯即可，也可用冲泡黑茶专用的如意杯或飘逸杯冲泡，还可用茶壶煮着喝。黑茶冲泡过滤后用玻璃杯饮用，可观赏漂亮的汤色。

2. 泡茶水温

制作黑茶的茶叶比较粗老，而且经过了长时间的发酵，想要把黑茶中的营养成分冲泡出来，要求水温较高，一般要控制在100℃。砖茶要在火上连续煮着喝才能品出味道来。

3. 冲泡要领

黑茶分为散茶和紧压茶，散茶直接放入杯中，紧压茶要先把成块的茶叶打碎后再放入茶杯。将大约15克黑茶投入杯中，按1∶40的茶水比用100℃的沸水冲泡。较嫩的茶应多透少闷，粗老茶则应多闷少透。粗老茶也可煮饮。泡茶时，不要搅拌茶叶，这样会使茶汤浑浊。由于黑茶口味较重，如不太适应，可根据个人喜好在茶汤中添加牛奶、蜂蜜、白糖、红糖等。

普洱熟茶陶壶冲泡法

茶具：茶刀、茶荷、壶承、陶壶、公道杯、滤网、茶杯、茶巾、茶匙、茶仓、随手泡

茶叶：解散的普洱熟茶5～8克（提前解散，将茶放置一段时间）

水温：95～100℃

步骤：

①温具。将壶温热，温壶的水再温公道杯、茶杯。

②置茶。将备好的茶置入壶中。

③润茶。将沸水冲入壶中，再迅速将水倒掉。

④冲泡。冲入沸水。

⑤出汤。快速将泡好的茶汤倒入公道杯。

⑥分茶。将公道杯中的茶倒入茶杯。

⑦品茶。

注意：因普洱熟茶茶汤浸出快，因此前几泡出汤一定要快，否则茶汤会过浓。初试普洱熟茶的人，茶汤可以淡一些，之后可以慢慢尝试略浓一些的茶汤。

1 温具　2 置茶　4 冲泡　5 出汤　6 分茶　7 品茶

普洱生茶盖碗冲泡法

茶具：茶刀、茶荷、茶船、盖碗、公道杯、滤网、茶杯、茶巾、茶匙、茶仓、随手泡

茶叶：解散的普洱生茶5～8克

水温：95～100℃

步骤：

①温具。将盖碗温热，温盖碗的水再温公道杯、茶杯。

②置茶。将茶荷中的茶拨入盖碗中。

③润茶。使水流顺着碗沿打圈冲入盖碗至满，右手提碗盖刮去浮沫后迅速加盖倒出水。

④冲泡。使水流顺着碗沿打圈冲入盖碗中，用碗盖刮去碗口的泡沫。

⑤出汤。将泡好的茶汤倒入公道杯中。

⑥分茶。将茶倒入茶杯。

⑦品饮。

泡白茶

冲泡白茶的注意事项

白茶属于微发酵茶，冲泡时需要更长的受水时间才能浸出内含物质。这样泡出来的茶汤滋味更甘醇，口感更饱满。

1. 茶具选用

冲泡白茶，建议选用透明无色的玻璃杯。先用温水洗杯，清洁的同时还能起到温杯的作用。

2. 茶水比

根据玻璃杯的大小，按1：50的比例取白茶放入杯中。一般玻璃杯投放两三克茶叶即可。

3. 润茶

往茶杯里倒入少许温水，水量以没过茶叶为宜。稍转动玻璃杯，让茶叶充分吸水，再快速倒出茶汤。

4. 泡茶水温

沿杯壁轻缓注入85℃左右的水，至杯子的七八分满即可。

品饮白茶茶汤前，可先观赏茶汤色泽、茶芽舒展的优美姿态，并嗅闻浓郁的茶香。

白茶玻璃杯冲泡法

茶具：玻璃杯、茶仓、水方、茶匙、茶巾、随手泡

水温：85℃

步骤：

①温具。将沸水注入杯中，旋转杯身，使杯身均匀预热，再将温杯的水倒入水方中。

②置茶。用茶匙将茶叶拨入玻璃杯中。

③浸润茶叶。冲入1/3杯热水，让杯中的茶叶浸润10秒钟左右。

④冲泡。用高冲法冲入热水至杯的七分满。

⑤品饮。

杯泡白茶

煮饮老白茶

茶具：煮茶炉、茶壶、公道杯、茶杯、茶匙、茶荷

茶叶：老白茶10克左右

步骤：

①置茶。将准备好的老白茶放入茶壶内。

②润茶。向壶中注入沸水，之后将水倒出。

③冲泡。向壶中注入适量沸水，放在炉上熬煮。时间长短可以根据自己的口味而定，时间长茶汤浓些，时间短则茶汤淡些。

④分茶。将煮好的茶汤倒入公道杯中，然后分别斟倒在茶杯中。

泡黄茶

黄茶的冲泡方法

黄茶的冲泡方法有两种，即传统方法和简易方法。

1. 传统黄茶冲泡方法

用透明玻璃杯或盖碗冲泡黄茶。首先用温水清洗茶具，之后按照1：50的茶水比，量取适量黄茶，放到茶杯中。往茶杯中倒入少许85～90℃的热水，以没过茶叶为宜，浸润一下茶叶。然后继续往茶杯里注入85～90℃的热水，至杯子的七八分满。浸泡大约30秒即可品饮。

2. 简易黄茶冲泡方法

用茶壶冲泡黄茶。取5～8克黄茶放到茶壶里，加入少许85～90℃的热水，浸泡大约30秒。然后再注入适量热水，闷泡大约120秒即可饮用。饮用后留1/3茶壶的水量，续水进行第二泡。

泡黄茶

黄茶玻璃杯冲泡法

茶具：玻璃杯、水方、茶巾、茶匙、随手泡

茶叶：3～5克

水温：85～90℃

投茶方法：中投法

步骤：

①温杯。用少许热水温热茶杯。

②置茶。注入热水至1/3杯，随后用茶匙将茶叶徐徐拨入杯中。

③冲水至杯的七分满。

④品茶。

冲泡黄茶的注意事项

第一，冲泡黄茶时，应注意控制投茶量，避免冲泡出来的茶汤过浓或过淡。第二，需要用85～90℃的水冲泡，才能更好地唤醒黄茶的茶性。

泡花茶

冲泡花茶的注意事项

1. 择具选水

冲泡花茶，最适合使用陶器或瓷器，也可以使用玻璃杯。冲泡花茶的水一定要选择水质较好的矿泉水或纯净水，不能用杂质含量较高的自来水，不然会影响茶汤的滋味。

2. 茶水比

花茶有单一材料冲泡和混合材料冲泡两种冲泡方式。在投茶量上，若是单一的花茶材料，一般投茶量为5～10克，用500毫升的沸水来冲泡；若是混合的花茶，每一种材料取两三克，用500毫升的沸水来冲泡。

3. 第一泡的茶汤不喝

冲泡花茶时，第一泡的茶汤不喝。把花茶放入茶杯后，冲入沸水30秒左右直接把茶汤倒掉，这样既能温润茶叶，又能把花茶表面的污垢洗掉，能让花茶的香气、色泽与滋味达到一个最好的状态。

4. 先冲后泡

先冲后泡的冲泡方法，是将花茶材料放入壶中，倒入沸水，待花茶冲开，闷3～5分钟，再添加其他调味料。

花茶简易冲泡法

茶具：飘逸杯、茶荷、水方、茶匙、茶巾、随手泡

茶叶：3～5克

水温：90℃

步骤：

①温杯。将热水倒入杯中，旋转一圈后将水倒掉。

②置茶。将茶叶拨至飘逸杯中。

③冲水。将内胆冲满水。

④品饮。一两分钟后将茶汤滤出，即可饮用。

花茶瓷壶冲泡法

茶具：瓷壶、茶杯、水方、茶荷、茶匙、茶巾、随手泡

水温：85～90℃

茶叶：5～10克

步骤：

①温具。温热茶壶，再将温壶的水倒入茶杯中进行温杯。

②置茶。将准备好的茶叶拨入壶中。

③冲泡。将热水倒入壶中，浸泡2分钟左右。

④品饮。

花茶盖碗冲泡法

茶具：盖碗、水方、茶荷、茶巾、茶匙、随手泡

茶叶：6克

水温：85℃

步骤：

①温具。将热水注入盖碗约1/3。

②置茶。将茶荷中的茶叶拨入盖碗中。

③润茶。将热水注入盖碗的1/3，浸润茶叶，之后迅速倒掉水。

④冲泡。

⑤品饮。将碗盖掀起闻香，再欣赏汤色，之后慢慢品茶。

泡花茶

品茶需有好天气，有解风情、懂风雅的朋友，还要有洁净的器具、甘美的泉水和清风修竹。更重要的是，要懂得如何品鉴茶的美。

品茶鉴茶有讲究

喝茶、饮茶与品茶

喝茶是为了解渴，渴了可以大碗喝茶，不必拘泥于形式。

饮茶则不同，当有闲暇时间，邀约几位知己细品慢饮，品茶赏艺，最为惬意，最利于养生和增进感情。

品茶，茶分三口为品，小抿一口，平心静气，全身心体会茶汤的甘美。茶在口中回旋，细品出茶的苦、甜、涩，于品茶之中感悟生命。

三者间由物质到精神，逐层递进深入。

品茶需具备的四要素

①雅致的环境。或在家中独辟茶室，或占家中客厅、飘窗处一个区域，或在中式、西式或日式的茶馆中。品茶时可以听音乐、抚琴、焚香、赏画等。

②精美的茶具。可以根据自己的喜好来准备茶具，可以根据茶室的整体风格来选用茶具，也可以根据所泡的茶叶来搭配茶具。

③上好的茶叶。茶叶贵在适口，一般在信誉好的茶店购买的茶叶较有保障。可根据季节或者自己的喜好来选择适合自己的茶叶。

④适合的方法。每类茶都有不同的冲泡方法，选好茶叶，选对茶具，接下来就是要选择适合的冲泡方法。

品绿茶

绿茶目前是我国产销量最高的茶类，也是广大民众最喜欢的茶类。绿茶品种繁多，产地不同，形态各异，单是那些奇妙动听的名字，就足够令人浮想联翩。

品饮名优绿茶，冲泡前，可先欣赏干茶的色、香、形。名优绿茶的造型因品种而异，或条状，或扁平，或螺旋形，或针状；其色泽，或碧绿，或深绿，或黄绿，或白里透绿；其香气，或奶油香，或板栗香，或清香。

冲泡时，倘若使用透明玻璃杯，则可观察茶在水中缓慢舒展，游弋沉浮，这种富于变幻的动态，被称为“茶舞”。

冲泡后，先端杯闻香，此时，汤面上升的雾气中夹杂着缕缕茶香，使人心旷神怡。接着观察茶汤颜色，或黄绿青碧，或淡绿微黄，或乳白微绿，隔杯对着阳光欣赏茶汤，还可见到微细茸毫在水中闪闪发光，这是细嫩名优绿茶的一大特色。最后端杯小口品饮，缓慢吞咽，让茶汤与味蕾充分接触，则可领略到名优绿茶的风味；若舌和鼻并用，还可从茶汤中闻到嫩茶香气，有沁人肺腑之感。品尝头泡茶，重在品尝名优绿茶的鲜味和茶香。品尝第二泡茶，重在品尝茶的回味和甘醇。等到第三泡茶，一般茶味已淡，也无更多要求。

茶舞

冲泡绿茶大都使用透明玻璃杯，以便观察茶在水中缓慢舒展的一系列变化，如茶在水中起舞，故称为“茶舞”。

冲泡绿茶一般不加盖儿，倒入热水之后，茶叶徐徐下沉，有的直线下沉，有的缓缓下降，有的上下沉浮之后再降到杯底。汤面水雾伴茶香，闻后令人心旷神怡。茶汤颜色以绿为主，以黄为辅，还可看到汤中有细细茸毛。

毫浑

喜欢喝绿茶的人一定知道，碧螺春、信阳毛尖等茶冲泡后茶汤会有一些微浑，细看会发现有无数细小的茶毫悬浮在茶汤中，这种微浑称为“毫浑”。

有些绿茶品质越好茶毫越多，这表明了原料的细嫩。但不是所有的绿茶都有毫浑。平时应多学习茶叶的相关知识，否则很容易产生误解，认为绿茶浑浊才是好茶。

毫浑

品红茶

近几年随着金骏眉的热销，带动了整个红茶市场，喜欢喝红茶的人也越来越多。

红茶的特征是汤色红艳明亮，香气是浓郁的花果香或焦糖香，入口的滋味则是醇厚中略带涩味。

品饮红茶，将茶汤含在口中，像含着鲜花一样，细细品味茶汤的滋味，吞下去时还要注意感受茶汤过喉时是否爽滑。

红茶的“金圈”

高档红茶在冲泡之后汤色红艳，白色的茶杯与茶汤接触处会有一圈金黄色的光圈，就是我们俗称的“金圈”。这也就是为什么冲泡红茶最好要用白瓷茶具。

形成红茶茶汤边缘“金圈”的主要物质是茶黄素，它对红茶的色、香、味起着极为重要的作用。一般说来，“金圈”越厚、越亮，证明红茶品质越好。

红茶的“金圈”

品乌龙茶

品饮乌龙茶时，用右手拇指、食指捏住杯沿，中指托住茶杯底部，雅称“三龙护鼎”，手心朝内，手背向外，缓缓提起茶杯，先观汤色，再闻其香，后品其味，一般是三口见底。饮毕，再闻杯底余香。

冲泡乌龙茶要用小壶高温冲泡，品杯则小如胡桃。每壶泡好的茶汤，刚好够三个茶友一人一杯，要继续品饮，需继续冲泡，这样每一杯茶汤在品饮时都是烫口的。品饮乌龙茶因杯小、香浓、汤热，故饮后杯中仍有余香，这是一种更深沉、更浓烈的香韵。

品饮台湾乌龙茶时，略有不同。泡好的茶汤首先倒入闻香杯，品饮时，要先将闻香杯中的茶汤旋转倒入品茗杯，嗅闻杯中的热香，再端杯观汤色，接着即可小口啜饮，三口饮毕。之后再持闻香杯闻杯底冷香，留香越久，表明乌龙茶的品质越佳。

品饮乌龙茶时，很讲究舌品，通常是啜入一口茶汤后，用口吸气，让茶汤在舌的两端来回滚动，让舌的各个部位充分感受茶汤的滋味，之后徐徐咽下，慢慢体味齿颊留香的感觉。

品白茶

白茶分为新白茶和老白茶。新白茶口感较为清淡，品饮时会有一种茶青味，清新宜人，鲜爽可口。老白茶在茶汤颜色上要比新白茶深一些，头泡会带有淡淡的中药味，口感醇厚清甜。

品黄茶

黄茶的特征是黄叶、黄汤，茶汤明亮，香气清雅，滋味醇和鲜爽，回甘较强。品饮时，自观干茶始，至观叶底止，将观色、闻香、品味贯穿全过程。

品花茶

品饮花茶之前先闻香，优质花茶的香气应纯净、鲜活，茶香与花香并现。待茶汤稍凉适口的时候，小口喝入，使茶汤在口中稍稍停留，之后以口吸气、鼻呼气相配合的动作，使茶汤在舌面上往返流动，充分与味蕾接触，然后再咽下。花茶茶香与花香交织，感觉花朵存于唇舌之间，并香透肺腑。

茉莉花茶

品鉴干茶

品鉴干茶时，应注意以下四点：

①茶叶的干燥度。干茶的含水量应控制在3%～5%。

②茶形是否匀整。

③干茶色泽、油润度是否符合该类茶的特征。

滇红干茶

④干茶是否有应有的清香，有无异味。

品鉴茶香

①最适合嗅闻茶汤香气的温度是45～55℃，如果超过此温度会感到烫鼻；低于30℃时，对烟、木气等气味很难辨别。

②嗅闻茶香的时间不宜过长，以免因嗅觉疲劳而失去灵敏度。

③闻香过程：吸1秒－停0.5秒－吸1秒，按这样的方法嗅出茶叶的高温香、中温香和冷香。

④在闻香的过程中应辨别茶香有无烟味、油臭味、焦味及其他异味，同时闻出香气的高低、长短、强弱、清浊、纯杂。

品鉴滋味

①品味茶汤的温度以40～50℃为宜。高于70℃时，味觉器官易烫伤；低于30℃时，味觉器官的灵敏度较差。

②品味的方法：将5毫升茶汤在三四秒内在口中回旋两次、品味三次。

③品味茶汤滋味的重点是茶汤的浓淡、强弱、爽涩、鲜滞、纯杂。

④注意事项：速度不能快，不宜大量吸入，以免食物残渣从齿间被吸入口腔与茶汤混合，影响茶汤滋味的辨别；不能吃刺激性的食物，如辣椒、葱蒜、糖果等；不宜吸烟、饮酒，以保持味觉的灵敏度。

■ 品鉴叶底

品鉴叶底靠触觉和视觉。应注意以下三点：

①辨别叶底的老嫩度。

②辨别叶底的均匀度、软硬、薄厚和光泽度。

③辨别叶底有无杂质和异常损伤。

乌龙茶叶底

绿茶叶底